# 混凝土结构耐久性监测技术

王鹏刚　张津瑞　金祖权　张舜泉　李哲　著

中国建筑工业出版社

图书在版编目（CIP）数据

混凝土结构耐久性监测技术/王鹏刚等著. —北京：
中国建筑工业出版社，2019.12（2021.1重印）
ISBN 978-7-112-24551-2

Ⅰ. ①混… Ⅱ. ①王… Ⅲ. ①混凝土结构-耐用
性-监测 Ⅳ. ①TU37

中国版本图书馆CIP数据核字（2019）第284456号

本书主要介绍混凝土结构耐久性监测技术，内容共10章，主要包括：绪论；基于无极电阻率和非接触电阻抗的水泥基材料早期性能监测技术；基于超声波的水泥基材料早期性能监测技术；基于超声波的混凝土材料内部损伤监测技术；基于声发射的水泥基材料内部损伤监测技术；混凝土中氯离子含量原位监测技术；混凝土内部pH值原位监测技术；钢筋锈蚀电磁场变响应监测技术；阳极梯无线采集系统；混凝土结构全寿命性能智慧感知与劣化预警系统。

本书适用于混凝土结构损伤劣化机理，耐久性监测、防护与修复领域的工程技术与研究人员参考使用。

责任编辑：万　李
责任校对：王　瑞

**混凝土结构耐久性监测技术**

王鹏刚　张津瑞　金祖权　张舜泉　李哲　著

\*

中国建筑工业出版社出版、发行（北京海淀三里河路9号）
各地新华书店、建筑书店经销
霸州市顺浩图文科技发展有限公司制版
北京建筑工业印刷厂印刷

\*

开本：787×1092毫米　1/16　印张：9¾　字数：240千字
2020年4月第一版　　2021年1月第二次印刷
定价：45.00元
ISBN 978-7-112-24551-2
（35237）

# 序

混凝土作为土木工程的主要建筑材料，对人们生活的重要性日显凸显。随着我国海洋和西部开发的大量基础设施建设，高盐、高温差、低湿度、浪溅冲刷等严酷环境对重大工程主体——混凝土材料和结构的可靠性提出了更高的要求。2014 年，由东南大学联合香港科技大学、同济大学、浙江大学、武汉理工大学、武汉大学、江苏省建筑科学研究院有限公司和青岛理工大学申报，并获批国家重点基础研究发展计划（973 计划）项目——严酷环境下混凝土材料与结构长寿命的基础研究。自 2015 年 1 月至 2019 年 12 月，以实现我国海洋和西部严酷环境下混凝土材料微结构可设计、性能可调控、损伤可识别、寿命可预期为导向，围绕严酷环境下混凝土材料微结构形成机理与长寿命调控、材料与结构损伤累积及性能退化机理、结构场变响应与识别理论三个科学问题开展科学研究，提出了基于环境与性能的混凝土材料设计方法，发展了混凝土结构可预期寿命设计理论，初步实现了混凝土材料与结构性能的自主识别，建立了多维度混凝土结构性能提升体系，有效保证并延长严酷环境下混凝土结构的服役寿命。研究成果已成功应用于我国的近海远海重大工程，提升了我国在严酷环境下混凝土长寿命服役性能基础理论方面的原始创新能力。

该项目共设置五个课题，其中课题四"严酷环境下混凝土结构场变效应与长期性能识别"由香港科技大学、东南大学和青岛理工大学共同承担，课题负责人为香港科技大学李宗津教授。课题针对严酷环境下混凝土材料与结构性能时变的核心问题，系统研究了严酷环境下混凝土材料内部温度场、湿度场、离子浓度场等微环境，以及由混凝土材料劣化、钢筋锈蚀引起的应力场、应变场、电磁场等物理场的变化规律，揭示了场变响应与混凝土材料内部微环境与微观、宏观性能的关系，智慧感知严酷环境下混凝土材料和结构全寿命性能退化进程，甄别损伤劣化时空关键点，为实现混凝土结构可预期寿命设计、性能恢复与提升提供科学决策依据。本书概述了课题四在混凝土耐久性监测技术方面的创新性工作。希望书中内容对国内外科学界和工程界有所帮助，进一步促进相关技术的提升和应用。

中国工程院院士　缪昌文

2020 年 2 月于南京

# 前　　言

　　严酷环境条件下混凝土材料与结构过早失效已成为国内外科学界和工程界关注的焦点。要保障严酷环境条件下混凝土结构长寿命运营，则需关注其性能发展、维持和退化全过程，建立科学的全寿命设计方法。发展混凝土结构耐久性监测技术实时掌握其服役状态，掌握性能演变时空关键点，是保障严酷环境下基础设施的安全运营的重要一环。

　　本书是在综合国家 973 项目"严酷环境下混凝土材料与结构长寿命的基础研究"（2015CB655100），以及国家自然科学基金"海洋环境混凝土中钢筋锈蚀场变响应、监测与损伤识别"（51678318）和"海洋环境下钢筋混凝土结构内部微环境、钢筋锈蚀原位动态监测与耐久性评估"（51608286）、泰山学者工程专项经费（TS20190942）等项目的主要成果的基础上完成的。全书共分 10 章：

　　第 1 章概述了混凝土结构耐久性监测技术研究现状。

　　第 2 章介绍了"非接触式无极电阻率测定仪"和"多频非接触电阻抗测定仪"，及其在水泥水化机理、水泥基材料交流阻抗谱精准测试和孔结构表征等方面的应用。为水泥基材料早期性能无损监测提供新的技术手段。

　　第 3 章介绍了"埋入式 PZT 压电传感器"和"埋入式超声监测系统"，及其在水泥基材料水化机理方面的应用。为水泥水化机理研究提供新的技术手段。

　　第 4 章介绍了"埋入式超声监测系统"在混凝土损伤开裂预报预警中的应用，实现了混凝土损伤的在线监测。

　　第 5 章介绍了与混凝土结构相容性良好的"0-3 型埋入式水泥基压电传感器"制备，研究了典型荷载作用下水泥基材料内部损伤定位、时频特征和断裂模式识别，以及混凝土内部钢筋锈蚀损伤识别、损伤源定位和损伤度评估。实现钢筋混凝土结构的损伤定位和定量评估。

　　第 6 章介绍了"混凝土用固态可埋入式氯离子传感器"制备方法，实现混凝土内部氯离子含量的原位动态监测。

　　第 7 章介绍了"混凝土用固态可埋入式 pH 传感器"制备方法，实现混凝土内部 pH 值的原位动态监测。

　　第 8 章介绍了"基于电磁响应的钢筋锈蚀精准监测设备"测试原理及其应用，动态追踪钢筋锈蚀源、起锈时间、锈蚀速率及锈蚀程度。实现混凝土内部钢筋锈蚀过程的精准原位监测。

　　第 9 章介绍了"阳极梯耐久性监测系统"的组成、监测原理、安装、数据采集与分析，及其在工程中的应用。为便于采集数据，自主开发了阳极梯无线采集系统，实现了阳极梯耐久性参数的远程无线采集。

第 10 章介绍了"混凝土结构全寿命性能智慧感知与劣化预警系统"，该系统能够实现大范围、多目标、多参数、远距离的原位无线监测，实时监测钢筋混凝土结构全寿命性能劣化进程，为混凝土结构可预期寿命设计、性能恢复与提升提供适时信息支持和科学决策依据。

香港科技大学路有源、汤盛文、邵泓钰、刘超，东南大学熊远亮，青岛理工大学林旭梅、曹承伟、杜振兴、赵松玲、路志博等的研究工作对本书的编写提供了大量素材。李宗津教授、赵铁军教授、张亚梅教授在课题研究和本书编撰过程中提供了许多宝贵的指导意见。在此对他（她）们表示诚挚的谢意。另外，本书作者对相关科研项目的资金支持表示衷心的感谢。

由于作者的水平有限，书中难免有疏漏和不足之处，敬请同行和广大读者批评指正。

2020 年 1 月于伦敦

# 目　录

# 第1章 绪 论

近年来，随着我国经济实力不断增强与国家竞争力迅速提高，我国的战略利益正逐步冲破我国东部地区的狭长地带，不断扩展至更加广阔的海洋与西部地区。大量的基础设施在海洋与西部地区不断规划和开工建设，已成为我国未来几十年的建设重点。然而，海洋环境和西部盐渍土环境对于基础设施来说是一种非常严酷的腐蚀环境。严酷环境条件下混凝土材料与结构过早失效已引起国内外科学界和工程界的高度关注，拥有丰富海岸线或盐湖盐渍土地区的美国、中国、加拿大、澳大利亚、日本、英国、荷兰、丹麦、挪威、以色列等国家相继开展了探索性研究。据统计，我国20世纪90年代前修建的海港工程，一般使用10~20年就会出现严重的钢筋锈蚀。近年来，部分刚修建的海港码头即便在采取了耐久性措施的情况下，其服役不到10年就会出现严重的钢筋锈蚀。根据中国工程院侯保荣院士的腐蚀调查结果，我国每年因腐蚀造成的损失约占GDP的3.34%，总额超过2万亿元，平均每个中国人要承担1550元的腐蚀成本[1]。要实现严酷环境条件下混凝土结构的长寿命，则需关注其性能发展、稳定和退化的时变全过程，并在建设期关注其微结构的形成与演化，服役期实现其内部损伤识别，建立科学的全寿命设计方法，通过耐久性监测实时掌握其服役状态，为工程的防护与修复决策提供重要依据，保障严酷环境条件下基础设施的安全运营。

为保证或改善水泥基材料的性能，水泥基材料早期水化硬化过程以及微结构形成与演变规律的无损检测越来越受到人们的关注。电阻率和电阻抗与水泥基材料的早期性能息息相关。工程中测量混凝土电阻率主要有两电极法和四电极法两种方法。两电极法最大的缺点是测量值受与电极接触的混凝土面积影响。如果电极正好置于骨料上，那么测得的混凝土电阻将高于实际值。四电极法克服了两电极法的缺点，然而混凝土试块制作过程较为繁琐，而且不能够进行连续监测。众所周知，用有电极电阻抗测试仪器测得的Nyquist图不可避免地存在两个弧。高频率区的电弧对应水泥基材料的电阻和容抗。低频率区的大电弧对应双电层电容和电极的极化电阻[2]。有电极电阻抗测试仪器无法避免电极极化效应。超声波法具有波长短、定向性好、穿透能力强和易检测等优点，已被用于水泥基材料早期性能、微结构演变等的研究工作[3-6]。然而，以往大多数研究人员是将带有金属壳的商用超声传感器固定在盛装水泥基材料容器的相对侧面，来研究水泥基材料的早期性能。而水泥基材料往往会产生收缩，传感器和水泥基材料之间很难保持良好的耦合。并且，水泥基材料和带有金属壳的商用超声传感器之间声阻抗不匹配，从而影响监测数据的准确性。

环境作用和机械荷载作用会引起混凝土微结构劣化和宏观性能退化，导致结构服役寿命下降。在混凝土结构损伤识别、损伤源定位和损伤度评估方面，国内外研究人员开展了大量的研究工作。声发射是非常有效的损伤监测手段[7][8][9][10]。然而，诸多研究人员在混凝土结构的损伤监测中一般使用商用声发射探头。这种声发射探头通常具有金属或塑料外壳。由于探头与混凝土结构相容性差、耐久性差、易腐蚀，所以这种声发射探头只能外贴于结构表面使用。而粘贴层厚度、环境条件的变化等均会造成较大的干扰信号，影响损伤的精准评估。

氯离子侵入和混凝土的中性化均会引起混凝土内部钢筋发生锈蚀。锈蚀产物体积增大，会进一步引起钢筋周围混凝土的开裂，为有害离子侵入提供便利通道。而且，锈蚀后的钢筋截面积变小，降低了结构的承载力。所以，诸多国内外研究人员致力于钢筋锈蚀的监测工作。半电池电位法是最简单、最便捷的钢筋锈蚀监测方法，但该方法难以定量反映腐蚀动力学信息[11]。线性极化法是测量钢筋腐蚀即时速率的一种稳态测试方法，测量的数据比半电池电位法提供了更详细的钢筋腐蚀参数，但由于受扰动钢筋面积的不确定性，无法准确地定量化大型结构中钢筋的面积[12]。对于实际的钢筋混凝土结构，交流阻抗不仅反映了钢筋的电化学行为，同时也反映了混凝土材料的性质，但交流阻抗谱法的测量时间较长，所需的仪器设备也较为昂贵，对低速率锈蚀体系需要低频交流信号，测量有一定的困难，并且测量的阻抗谱与试件的几何尺寸有关，所以不适合现场测试。混凝土电阻率也是一个重要的耐久性参数，结合半电池电位法测试结果，可以估量钢筋腐蚀速度，进而评价钢筋腐蚀程度，但常规的电阻率测试方法无法进行原位动态监测。钢筋锈蚀会引起钢筋混凝土结构中钢筋的电势-电阻-电流变化，可用于监测钢筋锈蚀。20 世纪 80 年代末，德国亚琛工业大学的 M. Raupch 首先开发了第一代混凝土结构耐久性预埋式阳极梯[13]，并相继开发了后置式环形电极、膨胀电极。类似的还有丹麦 FORCE 公司的 CorroWatch 系统和 CorroRisk 系统[14]，德国 SELFSAN CONSULT 公司的 CorroDec 系统[15]，美国的 ECI 腐蚀监测设备。但这些国外设备较为昂贵，而且也都存在一些缺点。例如：阳极梯整体体积较大，阴极与阳极分开，两者之间的距离不易掌握，安装不方便，绑扎时需要保证阴极、阳极、钢槽支架与结构中钢筋电绝缘。CorroDec 系统的使用寿命比较短，对于一些设计使用寿命 50 年以上的工程，不能够全过程跟踪。CorroWatch 探头的阴极是与阳极固定在一起的，不适合应用于常年浸泡在水中的混凝土结构。并且上述监测设备大多没有考虑阴极与阳极之间混凝土电阻对电化学参数的影响。考虑到钢筋腐蚀过程中将产生特定的电流、电势波动，研究者们开始用电化学噪声法（EN）区别钢筋腐蚀类型[16]，但上述方法用于监测混凝土内部钢筋锈蚀少有报道。进一步发展是利用电化学噪声和电阻探针综合监测混凝土中钢筋锈蚀的时空发展规律，但该监测方法试验时间短，其可靠性还需要进一步验证[17]。Gustavo 等利用钢筋锈蚀过程中的变形、X 射线衰减、声发射信号等对钢筋锈蚀进行室内监测[18]。考虑钢筋锈蚀会受到温度、氯离子浓度、腐蚀速率及腐蚀类型等的动态影响，Gustavo 等开发了集上述参数测试为一体的预埋式传感器[19]。

综上所述，水泥基材料早期性能直接影响其体积变形、力学性能和耐久性。所以，水泥基材料早期性能精准测量至关重要。混凝土结构损伤累积和性能退化直接影响其服役寿命。所以，损伤定位和损伤定量评估对在役混凝土结构的寿命预测和耐久性评估具有重大意义。另外，混凝土中的钢筋锈蚀是一个高度动态过程，受混凝土内部微环境的影响。所以，混凝土内部微环境，如起锈时间、锈蚀速率和锈蚀程度的精准监测是混凝土结构劣化预警的依据。

## 本章参考文献

[1]　侯保荣，路东柱. 我国腐蚀成本及其防控策略 [J]. 中国科学院院刊，2018，33（6）：

601-609.

［2］ Coverdale R T，Christensen B J，Jennings H M，et al. Interpretation of impedance spectrosco-py of cement paste via computer modelling-Part I Bulk conductivity and offset resistance ［J］. 1995，30（20）：5078-5086.

［3］ özütürk T，Kroggel O，Grübl P，Popovics JS. Improved ultrasonic wave reflection technique to monitor the setting of cement-based materials ［J］. NDT & E International. 2006，39（4）：258-63.

［4］ Voigt T，Ye G，Sun Z，Shah SP，van Breugel K. Early age microstructure of Portland cement mortar investigated by ultrasonic shear waves and numerical simulation ［J］. Cement and Con-crete Research. 2005，35（5）：858-66.

［5］ Liu Z，Zhang Y，Jiang Q，Sun G，Zhang W. In situ continuously monitoring the early age mi-crostructure evolution of cementitious materials using ultrasonic measurement ［J］. Construc-tion and Building Materials. 2011，25（10）：3998-4005.

［6］ Trtnik G，Turk G，Kavčič F，Bosiljkov VB. Possibilities of using the ultrasonic wave trans-mission method to estimate initial setting time of cement paste ［J］. Cement and Concrete Re-search. 2008，38（11）：1336-42.

［7］ 李冬生，匡亚川，胡倩. 自愈合混凝土损伤演化声发射监测及其评价技术 ［J］. 大连理工大学学学报，2012，12（2）：24-30.

［8］ Lu Y. Non-destructive Evaluation on Concrete Materials and Structures using Cement-based Pie-zoelectric Sensor ［M］. Hong Kong University of Science and Technology（Hong Kong），2010.

［9］ Prem P R，Murthy A R. Acoustic emission monitoring of reinforced concrete beams subjected to four-point-bending ［J］. Applied Acoustics，2017，117：28-38.

［10］ Huang Y，Shao C，Yan X. Fractal signal processing method of acoustic emission monitoring for seismic damage of concrete columns ［J］. International Journal of Lifecycle Performance Engineering，2019，3（1）：59-76.

［11］ Shamsad Ahmad. Reinforcement corrosion in concrete structures，its monitoringand service life prediction-a review ［J］. Cement and Concrete Composites，2003，25（4）：459-471.

［12］ Song H. W.，Saraswahy V.，Muralidharan S.，Lee C. H. and Thangavel K.. Corrosion performance of steel in composite concrete system admixed with chloride and various alkaline nitrites ［J］. 2009，44（6）：408-415.

［13］ Raupach M，Schiessl P. Monitoring system for the penetration of chlorides，carbonation and the corrosion risk for the reinforcement ［J］. Construction and Building Materials，1997，11（4）：207-214.

［14］ http：//www. forcetechnology. com/en.

［15］ http：//www. corrodec. de/.

［16］ Leban M.，Bajt Z. and Legat A.. Detection and differentiation between cracking processes based on electrochemical and mechanical measurements ［J］. Electrochimica Acta，2004，49（17）：2795-2801.

［17］ Legat A.. Monitoring of steel corrosion in concrete by electrode arrays and electrical resistance probes ［J］ Electrochimica Acta，2007，52（27）：7590-7598.

［18］ Aleesen，Tadeja Kosec，Andra Legat. Characterization of steel corrosion in mortar by various electrochemical and physical techniques [J]. Corrosion Science，2013，75（7）：47-57.

[19] Gustavo S. Duffó，Silvia B. Farina. Development of an embeddable sensor to monitor the corrosion process of new and existing reinforced concrete structures [J]. Construction and Building Materials，2009，23（8）：2746-2751.

# 第 2 章　基于无极电阻率和非接触电阻抗的水泥基材料早期性能监测技术

水泥作为混凝土结构的重要组成部分，其早期水化过程直接影响水泥砂浆与混凝土的水化放热、体积变形、力学性能和耐久性。水泥水化向溶液中释放离子，并逐渐形成水化产物。所以，水泥浆体是由水化产物和含有各种离子的孔溶液所组成的复合材料。在外加电场作用下，孔溶液中的离子在水泥浆体孔结构中发生定向迁移而形成电流，电流的大小反映了物质的导电能力，与水泥浆体内自由离子浓度和孔结构有直接关系。水泥基材料的电阻率随水泥水化时间而改变。针对有电极电阻率测试方法的弊端，李宗津教授团队发明了非接触式无极电阻率测定仪，该设备可实现水泥基材料自搅拌后至微结构形成阶段电阻率的原位连续监测。研究发现电阻率微分曲线与水泥水化放热曲线对应性较好，诱导期结束后水泥浆体电阻率与水泥水化生成的 $Ca(OH)_2$ 质量分数成线性关系。针对有电极电阻抗测试仪器测得的 Nyquist 图存在"电极电弧"现象，李宗津教授团队发明了多频非接触电阻抗测定仪，该设备可用于水泥水化机理研究，并且可实现交流阻抗谱的精准测试和水泥基材料孔结构的无损测试。

## 2.1　无极电阻率测定仪

### 2.1.1　有电极电阻率测试方法

电阻是描述导体导电性能的物理量，用 $R$ 表示。基于欧姆定律可以测得电阻的大小，如公式（2-1）所示。

$$R = \frac{U}{I} \tag{2-1}$$

当导体两端的电压一定时，导体的电阻越大，通过的电流就越小；反之，导体的电阻越小，通过的电流就越大。电阻的大小与材料的尺寸相关，材料的电阻大小与材料的长度成正比，即在材料和横截面积不变时，长度越长，材料电阻越大；而与材料的横截面积成反比，即在材料和长度不变时，横截面积越大，材料电阻越小，如公式（2-2）所示。

$$R = \rho \frac{L}{A} \tag{2-2}$$

电阻率 $\rho$ 是用来表示各种物质电阻特性的物理量，是指材料长 1m、横截面积为 $1m^2$ 时的电阻，常用的单位为 $\Omega \cdot m$（欧姆·米）。电阻率与导体的长度、横截面积等因素无关，是导体材料本身的电学性质，由导体的材料决定，且与温度、压力、磁场等外界因素有关。一般来说，温度升高，电解质溶液的导电能力增加；而金属导体随温度升高其导电能力下降。

混凝土中存在大量连通和不连通的毛细孔，在这些毛细孔中充有含大量各种离子的电解质溶液（毛细孔溶液）。在电压作用下，电解质溶液中的离子发生电解迁移，从而实现混凝土的导电。根据混凝土导电原理，混凝土电阻率与混凝土中微孔数量、微孔尺寸、微孔含水量以及微孔曲折程度有关，混凝土的质量（如水泥含量、水灰比、凝结硬化状况、添加剂等）对混凝土的电阻率影响也非常大[1]。因此，混凝土电阻率是评价混凝土材料性能的一个重要指标。

混凝土电阻率的测试方法主要可分为接触式和非接触式两类。接触式测试方法是一种传统的测试方法，非接触式测试方法是近年来开始采用的一种方法[2]。典型的有电极测试方法，如图 2-1 所示，其中 $S$ 为样品的横截面积，$L$ 为样品的长度，$I$ 为电流。当采用

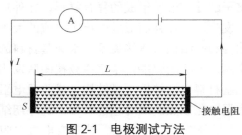

图 2-1　电极测试方法

接触式测试方法时，测试试样常采用棱柱体和立方体混凝土试件，常用的电极主要是铜电极（铜片或者铜网）。测试时需将电极紧贴到光滑的混凝土试件表面，二者接触的紧密程度对测试结果有一定影响。为确保二者密切接触，常在铜电极和混凝土表面涂以石墨导电胶或银浆，以降低接触电阻，消除其对测试结果的影响。但石墨导电胶或银浆会随时间延长而干燥，干

燥后其接触电阻依然很大，影响测试结果。另外一种方法是将待测试件固定在测试槽内，然后将其浸入到电解液中，电解液使铜电极和混凝土表面密切接触。但这时测量的电阻率是混凝土试件在饱和条件下的电阻率值，无法广泛应用。

工程中测量混凝土电阻率主要有两电极法和四电极法两种方法。两电极法是基于置于混凝土表面两电极间通过的交流电流和电压计算得到混凝土电阻和电阻率，方法简单，但最大的缺点是测量值受与电极接触的混凝土面积影响。如果电极正好置于骨料上，那么测得的混凝土电阻将高于实际值。四电极混凝土电阻率测试仪的四个探头呈"一"字形排列，每两个探头间距可以设定为 50mm。而且，每个探头端部都有泡沫垫层，试验之前，将泡沫垫层充分湿润可消除接触电阻对测量结果的影响。该方法克服了两电极法的缺点，电极 50mm 间距使得测试的混凝土区域面积相对大得多，所测混凝土电阻率值受骨料尺寸影响较小。利用四电极法测定混凝土电阻率，其优点在于：克服了两电极法的缺点，同时所得数据更加接近真实值；对应缺点是：混凝土试件制作过程较为繁琐。

## 2.1.2　无极电阻率测定仪及其测试方法

为了减小接触电极法测试混凝土电阻率产生的误差，李宗津教授基于变压器原理，发明了无极电阻率测定仪[3]，该仪器主要由测试台、主机和电脑三部分组成，如图 2-2 所示。环形模具里的待测样品作为次级线圈，当信号发生器和放大器在变压器的初级线圈上施加一定的电压时，由于电流感应，就会在次级线圈上产生恒定的环形电压 $U$，从而代替了接触电极法的电极电压。再由小电流传感器测得待测样品中的环形电流 $I$。然后根据欧姆定律以及样品尺寸推导出的电阻率公式，即可计算得出待测样品的电阻率 $\rho$，如公式（2-3）所示。

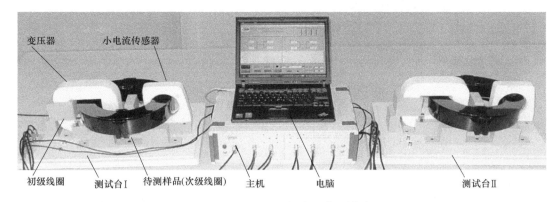

变压器  小电流传感器

初级线圈  测试台Ⅰ  待测样品(次级线圈)  主机  电脑  测试台Ⅱ

图 2-2  CCR-Ⅱ无极电阻率测定仪

$$\rho=\frac{h}{2\pi}\left(-\frac{r_1}{r_2-r_1}\ln\frac{r_2}{r_1}+\ln\frac{r_3}{r_2}+\frac{r_4}{r_4-r_3}\ln\frac{r_4}{r_3}\right)\frac{U}{I} \qquad (2\text{-}3)$$

式中　$r_1$、$r_2$、$r_3$、$r_4$——环形模具的形状尺寸,其中 $r_1=99mm$、$r_2=104mm$、$r_3=141mm$、$r_4=146mm$;

　　　　$h$——待测样品的高度。

试验操作步骤如下:

(1)调平测试台

用水平尺检查样品测试台的放置是否处于水平位置。

(2)安装模具

将模具的接口端均匀地涂抹上凡士林或其他密封膏,按图 2-3 将模具安放在测试台上,在两个接口处装上卡子,保证接口密封完好,防止漏水。另外,调整模具的位置,使模具处于样品测试台支座上的水平位置,如图 2-3 所示。

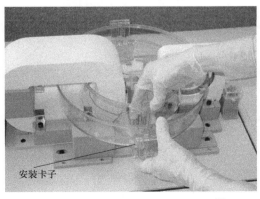
安装卡子

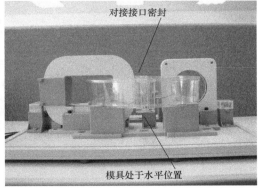
对接接口密封

模具处于水平位置

图 2-3  安装模具

(3)启动应用程序

双击电脑屏幕上的应用程序,设置采集频率、待测样品名称等信息。

(4)制作试样

将拌和好的水泥浆或混凝土通过浇筑料斗灌入模具,至预设高度,如图 2-4 所示。

7

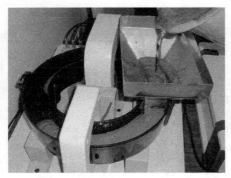
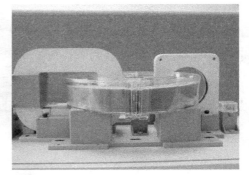

图 2-4　试样浇筑

轻轻地将模具中的水泥浆或混凝土用手在支座位置处上下振动几次，使水泥浆或混凝土内的空气释放出来，并保持样品表面处于同一高度，如图 2-5 所示。将模具盖盖上。同时，在模具盖对接位置贴上胶贴，以防止测试过程中水分的挥发。最后，罩上样品测试台外罩，如图 2-6 所示。

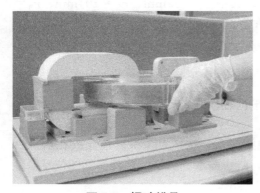
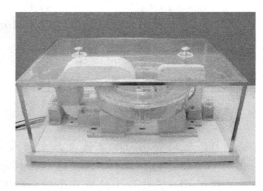

图 2-5　振动模具　　　　　　　　　　　图 2-6　罩上样品测试台外罩

（5）记录并保存数据

（6）拆模

打开样品测试台外罩及模具盖，取下模具上的两个卡子，在接口对称位置处划缝，然后在骑缝处放垫块，最后用拆模器放到垫块上方进行拆模，如图 2-7～图 2-10 所示。

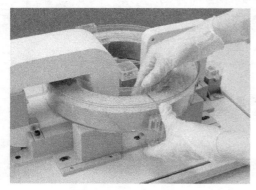
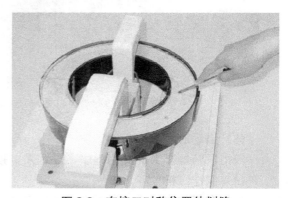

图 2-7　取下卡子　　　　　　　　　　　图 2-8　在接口对称位置处划缝

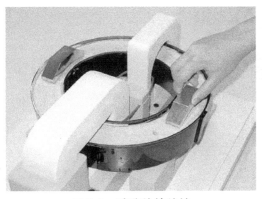
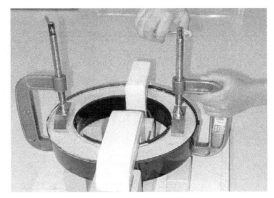

图 2-9　骑缝处放垫块　　　　图 2-10　用拆模器拆模

与有电极电阻率测试方法相比，无电极电阻率测试方法具有以下优势：（1）消除了极化效应。利用信号发生器和放大器在变压器的初级线圈上施加交流电压，所以测试试样内部的正负离子交互运动，而不是以特定方向运动。因此，在测试过程中，正负电荷首尾相接，不会出现电荷累积现象，也就不会产生极化效应。（2）消除了接触电阻，克服了电极锈蚀问题。电极内部的电流是闭合的环，没有电极，自然不存在电极与测试试样的接触问题。当然也就不存在电极锈蚀问题。（3）消除了离子与电极的电子交换过程。无极电阻率测定仪测试的是试样感应出的电压和电流。而对于有电极电阻率测试方法，首先需要试样内部的离子在电极表面进行电子交换，之后才能形成一个闭合的回路。无极电阻率测定仪不需要电子交换过程，因此避免了电极与离子之间复杂电化学势的产生。（4）无极电阻率测定仪具有自动记录功能，通过计算机及配套软件可以连续跟踪采集数据，并即时显示电阻率随时间的变化曲线。

## 2.2　多频非接触电阻抗测定仪

基于电磁感应原理，在非接触电阻率测定仪的基础上，进行扫频测试，使测定频率从1kHz升级为 1～100kHz 的交变电场响应区间，自主研发了多频非接触电阻抗测定仪（已申请美国专利：US 20120158333 A1），如图 2-11 所示。非接触电阻抗测定仪操作步骤与无极电阻率测定仪操作步骤类似。该仪器主要由初级线圈、变压器铁芯、样品环（次级线圈）、电流传感器和环电压测量仪五部分组成。采用铁锰合金作为变压器主极。初级线圈直接缠绕在变压器铁芯上。样品环形成次级线圈，同时穿过变压器铁芯。样品环的形状可以是圆形，也可以是方形。环电压测量仪是将一根线圈并联于样品环的表面，并且环形穿过变压器铁芯。环电流使用另一个非接触磁环进行测量。

该设备采用电感元件来代替测量电极，有效地解决了电极极化效应。通过改变输入正弦交流电压的频率，可以实现水泥基材料感应电流和感应电压的测试。在不同频率的电场作用下，水泥基材料微结构会产生不同的阻抗响应。所以该设备可测定水泥基材料的电阻抗特征，在没有电极接触的情况下，该设备可精确测试出 1～100kHz 电阻抗谱的变化。从而分析、评估水泥基材料的微观结构，并定量分析其水化进程。因此，通过电阻抗谱建立电路模型分析水泥基材料微结构的变化是一个行之有效的方法。

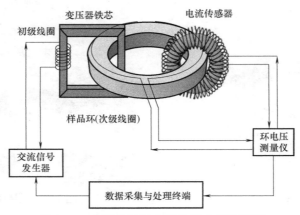

图 2-11　多频非接触电阻抗测定仪原理图

## 2.3　基于无极电阻率的水泥水化反应特征

### 2.3.1　硅酸盐水泥水化电阻率变化规律

硅酸盐水泥水化的电阻率-时间曲线与电阻率-时间微分曲线如图 2-12 所示[4]。水泥水化时，水泥浆体的电阻率与液相电阻率成正比，与孔隙率成反比。硅酸盐水泥加水拌和后，随着水泥水化的进行，液相电阻率减小，因而水泥浆体的电阻率也减小，大约 60min 后达到最小值，电阻率曲线呈现下降趋势。紧接着有一个短暂的小幅度上升期（详见图 2-12 小插图），随后液相电阻率和孔隙率基本保持不变，因此电阻率曲线出现一个水平段。150min 左右电阻率开始增大，且增大速度越来越快，600min 左右达到最大值，该阶段水泥水化受溶解反应的控制。随后电阻率增大速度变缓，并趋于稳定，该阶段水泥水化受扩散作用控制。根据电阻率-时间曲线、电阻率-时间微分曲线的变化规律，可将硅酸盐水泥水化进程分为溶解期、诱导期、加速期和减速期四个阶段。由于所测硅酸盐水泥样品的初凝、终凝时间发生在加速期Ⅲ-a 内，因此可将加速期再细分为凝结期和硬化期，如图 2-12 "Ⅲ-a" 和 "Ⅲ-b" 所示。硅酸盐水泥水化各阶段发生的物理、化学变化如下：

（1）溶解期：溶解期指自水泥加水拌和至电阻率出现最小值的时间。水泥颗粒与水接触后立即发生水化，固体和液相之间进行离子交换。水泥中的碱、硫酸盐、铝酸盐等易溶组分溶解于水中，离子浓度迅速增大，溶液导电能力增强。由于水泥水化早期的电阻率主要由溶液的电阻率决定，因此电阻率迅速减小。随着水泥水化的进行，溶液中离子浓度较高使得离子溶出变得困难，溶解速率变缓，电阻率减小的速度变慢，电阻率-时间微分曲线上升。随着离子浓度的增加，当达到一定的过饱和度时，便会形成水化产物。水化产物将水泥颗粒包裹，阻止水泥进一步水化。该阶段溶解于水中的离子主要有 $Ca^{2+}$、$Na^+$、$K^+$、$OH^-$、$SO_4^{2-}$ 和 $Al(OH)_4^-$。

（2）诱导期：在溶解期结束后，电阻率有一个短暂的、小幅度的跃迁。然后在较长的一段时间内，电阻率变化很小。150min 左右电阻率-时间曲线开始上升，该阶段被称为诱导期。电阻率达到最小值后，由于液相离子的积累，形成了钙矾石和氢氧化钙的过饱和溶液，钙矾石和氢氧化钙从溶液中结晶析出。同时固相的体积分数增大，因此，电阻率突然增大。由于钙矾石等水化产物在水泥颗粒表面形成包裹，阻碍了水泥的水化，使得水泥的水化进入诱导期。在这一阶段，水泥的水化反应非常缓慢，熟料矿物的溶解与水化产物的结晶形成动态平衡，液相离子的增加与消耗趋于平衡状态，所以水泥浆体的电阻率基本保持不变。

（3）加速期：加速期指从诱导期末电阻率开始上升至电阻率上升速率达到最大（图2-12中的特征峰 3）的时间。诱导期末，水泥颗粒保护层因化学反应、渗透压、重结晶等原因破裂，水泥水化加速，$Ca(OH)_2$ 和 C-S-H 从溶液中析出，$Ca^{2+}$ 的过饱和度降低，水泥浆体失去塑性并发生凝结。随着水化产物的不断增多，原先被水填充的空间被水化产物填充。根据所测试硅酸盐水泥的凝结时间，该阶段又可划分为凝结期（Ⅲ-a 段）和硬化期（Ⅲ-b 段）两个阶段。由于所测试硅酸盐水泥的初凝和终凝发生在Ⅲ-a 段，所以称该阶段为凝结期。水泥浆体在凝结期仍具有一定的塑性。而在Ⅲ-b 段，由于水泥浆体已开始具有一定的强度，因此称之为硬化期。水泥浆体在硬化期已完全失去塑性，转化为固态，若对其结构进行破坏，会造成永久性的损伤。凝结期与硬化期的分界点为电阻率-时间微分曲线的特征峰 2。有学者认为凝结期向硬化期转变是由 AFt 转化成 AFm 导致的[5,6]。

（4）减速期：减速期指加速期以后的时间。此时随着水化的进行，孔隙率进一步降低，电阻率-时间曲线继续上升。但随着水泥颗粒表面水化产物层的不断变厚，水化反应进入受离子扩散控制的减速阶段，电阻率-时间微分曲线降低。

综上所述，电阻率变化很好地描述了水泥水化各个阶段发生的一系列物理、化学变化，揭示了水泥凝结、硬化过程，是一种很好的研究水泥水化的方法。

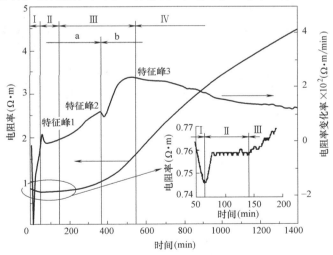

图 2-12　硅酸盐水泥水化的电阻率-时间曲线与电阻率-时间微分曲线

Ⅰ—溶解期；Ⅱ—诱导期；Ⅲ—加速期；Ⅳ—减速期

## 2.3.2 电阻率变化率与水泥水化放热速率的关系

水泥水化过程的电阻率变化率曲线与水化放热速率曲线如图 2-13 所示。在诱导期，

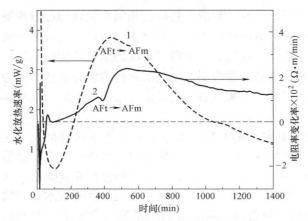

图 2-13　水泥水化过程的电阻率变化率
曲线与水化放热速率曲线

当电阻率变化率几乎为 0 时,水化放热速率也处于最低点。在加速期,电阻率变化率曲线和水化放热速率曲线均快速上升,并达到最大值。达到最大值后均逐渐减小,两者有较好的相关性。研究表明,水化放热速率曲线达到最低点后电阻率变化率也存在极大值,其与电阻率变化率第一个极大值(特征峰 1)有一定相关性。此外,水化放热速率显示的 AFt 转化为 AFm 的时间(图 2-13 中 1 所标示的位置)要比电阻率微分曲线显示的(图 2-13 中 2 所标示的位置)晚 150min 左右。这可能是两者试验条件不同引起的。在水化放热试验中保持水泥浆体温度为 20℃,在电阻率试验中由于水泥水化放热,水泥浆体的温度超过 20℃,温度升高加速了水泥水化,使 AFt 转化为 AFm 的时间提前。在实际工程中,水泥水化大多在绝热或半绝热条件下进行,因此电阻率法更贴近于工程实际,具有很好的应用前景。

### 2.3.3　电阻率与硅酸盐水泥水化程度的关系

　　$Ca(OH)_2$ 是水泥的重要水化产物,可以用来表征水泥的水化程度。电阻率-时间曲线与 $Ca(OH)_2$ 含量-时间曲线如图 2-14 所示。从 $Ca(OH)_2$ 含量-时间曲线可以看出,硅酸盐水泥加水后的短时间内即可生成一定量的 $Ca(OH)_2$,150min 以前 $Ca(OH)_2$ 含量几乎不变。随后快速增长。在诱导期末,$Ca(OH)_2$ 含量开始快速增长,电阻率-时间曲线也快速上升。$Ca(OH)_2$ 含量与电阻率的关系如图 2-15 所示。从图中可以看出,$Ca(OH)_2$ 含量与电阻率成线性关系。根据拟合公式,用所测得的电阻率即可计算出硅酸盐水泥水化生成的 $Ca(OH)_2$ 含量。表明在水泥水化早期,电阻率反映了水泥浆体的水化程度。

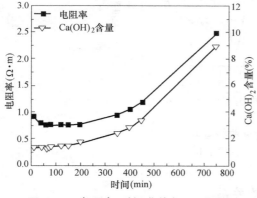

图 2-14　电阻率-时间曲线与 $Ca(OH)_2$
含量-时间曲线

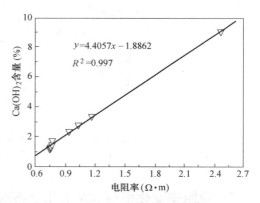

图 2-15　$Ca(OH)_2$ 含量与电阻率的关系

# 2.4　基于非接触电阻抗的水泥基材料早期性能测试

## 2.4.1　基于非接触电阻抗的水泥水化机理研究

在不同频率的电场作用下水泥基材料微结构会产生不同的阻抗响应。因此,通过建立阻抗谱电路模型分析水泥基材料微结构随着水化时间的变化是可行的。汤盛文等[7] 采用非接触电阻抗测定仪研究了水泥水化过程中的电阻抗特性。并根据 K-K 变换 (Kramers-Kronig transformation) 检验了阻抗谱测试结果的可靠性。可靠的阻抗谱测试结果,其电阻抗的实部和虚部应满足 K-K 变换公式 (2-4)。电阻抗虚部实测值-时间曲线如图 2-16 所示。根据电阻抗实测参数和 K-K 变换公式,可得到电阻抗虚部计算值-时间曲线,如图 2-17 所示。从图中可以看出,随着水泥水化的进行,电阻抗虚部实测值和计算值的变化趋势类似。在水化初期,电阻抗虚部几乎为零。随着水化的进行,电阻抗虚部逐步增大。而且电阻抗虚部随着非接触电阻抗测定仪扫描频率的增加而增大。电阻抗虚部计算值小于实测值。原因如下:试验所采用的非接触电阻抗测定仪扫描频率为 1～100kHz,而采用 K-K 变换公式进行计算时需要无线频域的数据作为支撑。低于 1kHz 和高于 100kHz 测试数据的缺失,导致电阻抗虚部计算值偏小。

$$Z''(\omega, t) = \left(-\frac{2\omega}{\pi}\right) \int_0^\infty \frac{Z'(x, t) - Z'(\omega, t)}{x^2 - \omega^2} \mathrm{d}x \tag{2-4}$$

式中　　　　　　　$\omega$、$t$——角频率和时间;

　　　　　　$Z'(x, t)$——拟合测试结果中的实部;

$Z'(\omega, t)$ 和 $Z''(\omega, t)$——测试结果中不同频率对应的电阻抗实部和虚部。

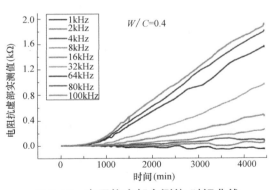

图 2-16　电阻抗虚部实测值-时间曲线

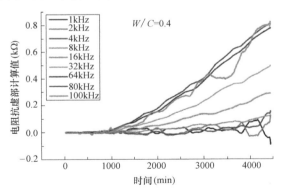

图 2-17　电阻抗虚部计算值-时间曲线

由图 2-12 可知,硅酸盐水泥水化进程分为溶解期、诱导期、加速期和减速期四个阶段,电阻率变化能够很好地描述水泥水化各个阶段发生的一系列物理、化学变化。对水泥浆体施加小振幅的正弦波电位扰动信号之后,水泥浆体将产生正弦电流响应信号,如公式 (2-5) 所示,其中:$E$ 为外加电压;$I$ 为水泥基体的响应电流;$\theta$ 为向水中释放离子的水泥表面积与水泥颗粒表面积之比;$R$ 为水泥基材料孔溶液的电阻;$K$ 为影响电流变化的系数,等于 $(\partial I/\partial \theta)E$。根据电化学和水泥水化机理,可推导出水泥在溶解期、诱导期和加速期的电阻抗公式。

$$\delta I = (\partial I/\partial E)_{\theta}\delta E + (\partial I/\partial \theta)_{E}\delta\theta = \delta E/R + K\delta\theta \tag{2-5}$$

溶解期电阻抗如公式（2-6）所示，其中：$\omega$ 为角频率。溶解期结束时，测试样品的电阻抗实部 $R=300\Omega$。在溶解期，水泥中的石膏和铝酸三钙溶解于水中，释放出钙离子、铝酸根离子、硫酸根离子和氢氧根离子。虽然其他矿物也会溶解于水中，但是其数量较少。根据钙离子直径、带电量、溶解期时长等，可计算得到电阻抗虚部 $Z''=KR/(\omega q)=2.704\times10^{-7}\sim2.704\times10^{-9}\Omega$（当扫描频率为 1kHz 时，$Z''=2.704\times10^{-7}\Omega$，当扫描频率为 100kHz 时，$Z''=2.704\times10^{-9}\Omega$）。很明显，电阻抗虚部非常小，这与实测结果非常吻合。所以，在水泥水化溶解期，水泥浆体表现为电阻特性。

$$Z = \frac{\partial E}{\partial I} = R - KR\frac{1}{j\omega R} \tag{2-6}$$

诱导期电阻抗如公式（2-7）所示，其中：$R_d$ 和 $R_a$ 分别为离子溶解电流 $I_d$ 和离子吸附电流 $I_a$ 对应的电阻；$q$ 为电量；$K_d$ 和 $K_a$ 分别为离子溶解和离子吸附所对应的系数。水泥浆体在该阶段的响应电流由离子溶解过程中产生的电流和离子吸附过程中产生的电流组成。在水泥水化诱导期，$K_d=-K_a>0$，所以，诱导期电阻抗公式可简化为公式（2-8）。很显然，在水泥水化诱导期，水泥浆体依然表现为电阻特性。这与图 2-16 的测试结果非常吻合。

$$Z = \frac{\delta E}{\delta I} = 1/\left[\frac{1}{R_d}+\frac{1}{R_a}+\frac{K_a+K_d}{j\omega q-(K_d-K_a)}\left(\frac{1}{R_d}-\frac{1}{R_a}\right)\right] \tag{2-7}$$

$$Z = \frac{1}{\dfrac{1}{R_d}+\dfrac{1}{R_a}} \tag{2-8}$$

加速期电阻抗如公式（2-9）所示，其中：$p$ 为与水泥水化程度有关的系数；$B$ 为水化动力学参数。水泥浆体在该阶段的响应电流由离子传输过程中产生的电流和化学反应过程中产生的电流组成。从公式（2-9）可以看出，电阻抗虚部不为零。电阻抗虚部随着水化时间的增长而增大，同时因为离子的持续消耗，电阻抗随着频率的增加而增加，这与图 2-16 的测试结果非常吻合。

$$Z = \frac{\delta E}{\delta I} = R + \frac{j\omega}{pB} \tag{2-9}$$

综上所述，采用非接触电阻抗测定仪测试水泥基材料的电阻抗参数是合理的，而且测试精度非常高。

## 2.4.2　基于非接触电阻抗的阻抗谱精准测试

有电极电阻抗测试仪器测得的水泥基材料 Nyquist 图如图 2-18 所示。从图中可以看出，有电极电阻抗测试仪器测得的 Nyquist 图存在两个弧。普遍认为，高频率区的电弧是水泥基材料基体电性导致的结果，对应水泥基材料的电阻和容抗。低频率区的大电弧是导电离子和电极表面与水泥基材料界面相互作用而引起的，对应双电层电容和电极的极化电阻，因此被称为"电极电弧"。偏移电阻在电极系统中已被证明是一个不可靠甚至毫无意义的试验误差参数[8]。

采用多频非接触电阻抗测定仪测得的水灰比为 0.3 的硅酸盐水泥净浆水化过程中的

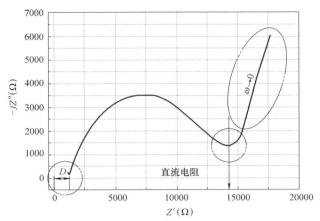

图 2-18 有电极电阻抗测试仪器测得的 Nyquist 图

Nyquist 图如图 2-19 所示。从图中可以明显看出，多频非接触电阻抗测定仪消除了电极的影响，测得的 Nyquist 图都会通过坐标原点结束，并没有出现电极电弧。表明水泥基材料的多频导电性并不是由孔溶液和固相水化颗粒之间形成的双电层产生的，而是由孔溶液中离子对本身的特殊频散现象产生的。由于消除了电极电弧的影响，所以更容易通过常见电子元件构建电路图对 Nyquist 图进行深入分析。另外，随着水泥水化的进行，阻抗弧半径越来越大。这是因为，随着水化的进行，普通硅酸盐水泥水化产物增多，毛细孔内电解质减少，孔隙结构的连通性降低。

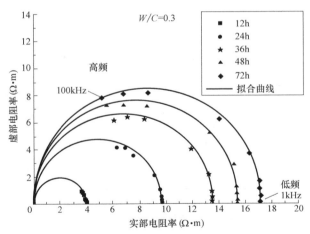

图 2-19 多频非接触电阻抗测定仪测得的 Nyquist 图

水灰比为 0.4 的普通硅酸盐水泥净浆电阻抗模量-时间曲线和相位差-时间曲线如图 2-20 和图 2-21 所示[9]。从图中可以看出，水泥水化经过溶解期以后电阻抗模量和相位差都随着水化的进行呈递增的趋势。扫描频率对电阻抗模量和相位差的影响较大。随着扫描频率的增加，水泥净浆的电阻抗模量越来越小，相位差越来越大。

用公式（2-10）对图 2-19 进行拟合，参数 $a$ 如表 2-1 所示。从表中可以看出，拟合参数 $a$ 非常接近于 1kHz 扫描频率下得到的阻抗模量。值得注意的是，水化 12h 时的拟合相关系数仅为 0.65448。这是因为所采用的多频非接触电阻抗测定仪扫描频率为 1～

100kHz，频率范围过窄，个别数据的波动会引起拟合参数较大的变化。由于 1kHz 扫描频率下的相位角接近于 0，所以此时电阻抗模量的值与电阻抗实部的值相同。因此公式（2-10）可以写为公式（2-11）。所以，只要测得 1kHz 的阻抗谱，即可画出此刻水泥基材料完整的阻抗谱。

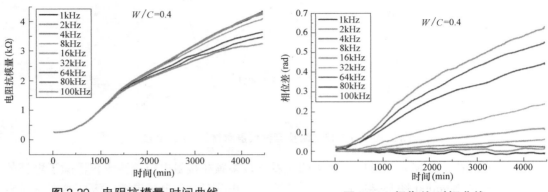

图 2-20　电阻抗模量-时间曲线　　　　　　　　图 2-21　相位差-时间曲线

$$(x-a/2)^2+y^2=a^2/4, y\geqslant 0 \tag{2-10}$$
$$(Z'-r_1/2)^2+(Z'')^2=r_1^2/4 \tag{2-11}$$

式中　$Z'$——阻抗谱的实部，且 $Z'\geqslant 0$；

　　　　$Z''$——阻抗谱的虚部；

　　　　$r_1$——1kHz 阻抗谱的实部。

该方程是半径为 $r_1/2$、中心坐标为（$r_1/2$，0）的圆弧。

拟合参数 $a$ 与 1kHz 下的阻抗模量 $R_1$　　　　　　　表 2-1

| 水化龄期(h) | $R_1(\Omega \cdot m)$ | $a$ | $R^2$ |
| --- | --- | --- | --- |
| 12 | 3.95626 | 3.96929 | 0.65448 |
| 24 | 9.75145 | 9.72936 | 0.95088 |
| 36 | 13.48007 | 13.47457 | 0.98644 |
| 48 | 15.32582 | 15.32742 | 0.98846 |
| 72 | 17.24976 | 17.27199 | 0.98096 |

### 2.4.3　基于非接触电阻抗的水泥基材料孔结构分析

硬化后的水泥基材料是非均质、多相（气相、液相、固相）和多层次（微观、细观、宏观）的复合材料体系。其宏观行为所表现出的不规则性、不确定性、模糊性、非线性等特征正是其微观结构复杂性的反映。微观孔结构特征决定了材料的力学和耐久性能。常用的水泥基材料孔结构测试方法包括光学显微镜法、压汞法、气体吸附法等。由于压汞法可以测定较宽尺寸范围的孔径而被广泛用于水泥基材料孔结构的测试。然而，"墨水瓶"效应会导致压汞法测出的微孔体积比实际体积大，同时高压压汞会对样品造成一定程度的损伤。

Tang 等通过分形理论和双电层理论，推导得到了水泥基材料孔隙率与非接触电阻抗测定仪所测得电阻率的关系，如公式（2-12）所示。通过 $\rho$ 和 $\rho_0$ 即可换算得到此时水泥基材料的孔隙率。为验证测试结果的准确性，作者对两种方法得到的孔隙率做了对比，结果如图 2-22 所示。从图中可以看出，压汞法测得的孔隙率大于非接触电阻抗法测得的孔隙率。这是因为压汞法取样过程中难免会对样品造成损伤。另外，在进行压汞试验过程中，高压作用下压入样品中的汞势必会对样品的初始裂缝和毛细孔造成额外荷载，引起裂缝的扩展，甚至引起新的裂缝。相反，非接触电阻抗法是一种非接触无损测试技术，可以真实反映测试样品的孔隙结构分布。

$$\phi = [1-0.18F^{-1/2}+0.18] \cdot 400^{1/2} - F^{1/2}/400^{1/2} - 1 \qquad (2\text{-}12)$$

式中　$F=\rho/\rho_0$；

　　　$\rho$——在施加 1kHz 频率下测得的总电阻率；

　　　$\rho_0$——相应水泥基材料孔溶液电阻率。

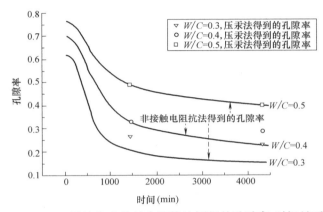

图 2-22　压汞法和非接触电阻抗法测得的孔隙率-时间关系

# 本章参考文献

[1] 樊云昌，曹兴国，陈怀荣. 混凝土中钢筋腐蚀的防护与修复［M］. 北京：中国铁道出版社，2002.

[2] Li Zongjin, Li Wenlai. Contactless, transformer-based measurement of the resistivity of materials：US Patent, 6639401［P］. 2003.

[3] 隋同波，曾晓辉，谢友均，等. 电阻率法研究水泥早期行为［J］. 硅酸盐学报，2008，36（4）：431-435.

[4] Tamás F D, Farkas E, Vörös M, et al. Low-frequency electrical conductivity of cement, clinker and clinker mineral pastes［J］. Cement and Concrete Research, 1987, 17（2）：340-348.

[5] McCarter W J. Gel formation during early hydration［J］. Cement and Concrete Research, 1987, 17（1）：55-64.

[6] Tang S W, Li Z J, Shao H Y, et al. Characterization of early-age hydration process of cement pastes based on impedance measurement［J］. Construction and Building Materials, 2014, 68：491-500.

［7］ Coverdale R T，Christensen B J，Jennings H M，et al. Interpretation of impedance spectrosco-py of cement paste via computer modelling-Part I Bulk conductivity and offset resistance ［J］. 1995，30（20）：5078-5086.

［8］ Shao H. Non-contact electrical impedance measurement for cement-based composites ［D］.，2016.

［9］ Tang S W，Li Z J，Chen E，et al. Impedance measurement to characterize the pore structure in Portland cement paste ［J］. Construction and Building Materials，2014，51：106-112.

# 第3章  基于超声波的水泥基材料
# 早期性能监测技术

利用超声波在材料中的传播速度与材料中固-液-气三相相关的特性，可实现水泥基材料早期性能监测。通过监测超声波在物质中传播时其参数的变化，进而研究水泥基材料微结构演变规律。作为一种典型的无损检测技术，超声波法具有波长短、定向性好、穿透能力强和易检测等优点。以往的研究人员通常将带有金属壳的商用超声传感器黏附到样品表面以监测水泥的水化过程，但是这些传感器容易被腐蚀，并且水泥基材料和传感器之间存在声阻抗不匹配的问题。为了解决上述问题，张亚梅教授团队开发了埋入式 PZT 压电传感器、搭建了埋入式超声监测系统，实现了水泥基材料水化过程的原位监测，提出了基于超声纵波速度微分曲线的水泥凝结时间确定方法，建立了水泥基材料抗压强度与超声纵波速度的关系。通过拉普拉斯变换，将超声波时域函数转换为频域函数，得到水泥水化过程中的频域谱。结合水泥水化机理，基于频域谱可精准确定水泥水化产物出现的时间。

## 3.1  埋入式超声监测系统

水泥基材料的水化过程可通过超声波传播信号的演变趋势来反映。所使用的基于埋入式压电传感器的超声监测系统如图 3-1 所示。该系统由信号发生器、功率放大器、前置放大器、一对埋入式压电超声传感器、恒温水浴、示波器和电脑组成。在测试过程中，信号发生器产生一个振幅为 $4V_{pp}$、脉冲宽度为 $4.984\mu s$ 的单一脉冲波，然后被功率放大器放

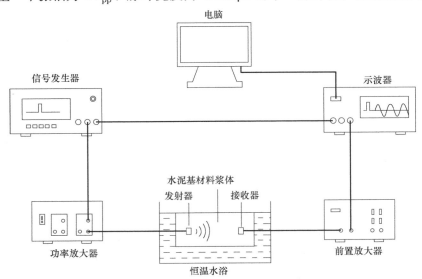

图 3-1  基于埋入式压电传感器的超声监测系统示意图

大 50 倍。放大后的信号激发发射器产生超声纵波,该纵波信号穿过试件,被接收器接收,接收到的信号由低噪声前置放大器放大 10 倍,并由 12 位数字示波器以 4GSa/s 的采样率和 100MHz 的带宽测量和记录信号强度。整个系统由张亚梅教授团队自主开发的计算机程序自动控制。恒温水浴可将测试试件的养护温度稳定在目标值。

## 3.2　埋入式超声传感器

### 3.2.1　埋入式超声传感器的结构设计

采用商用 PZT 压电陶瓷圆片作为发射传感器和接收传感器的激发和传感元件。压电陶瓷圆片的水平尺寸远大于其厚度,利用其径向振动模式来发射或接收超声纵波。径向振动模式是降低传感器成本和尺寸的实用选择[1]。当激励电压施加在压电陶瓷圆片上时会产生机械振动,接收端压电陶瓷圆片由于机械振动产生电压。埋入式超声传感器的结构如图 3-2 所示。发射传感器由压电陶瓷圆片、匹配层、背衬层和封装层组成。接收传感器除压电陶瓷圆片、匹配层、背衬层和封装层外,还包括屏蔽层和屏蔽线。接收传感器增设屏蔽层和屏蔽线是为了屏蔽外界杂波信号,提高其信噪比[2]。传感器增加背衬层是为了将压电陶瓷圆片反向辐射波吸收,减小或缩短传感器余振,以增加其频带宽度[3,4]。传感器的匹配层除了保护压电陶瓷圆片外,还能提高压电陶瓷圆片和水泥基材料的声学性能[2]。制作完成的发射传感器和接收传感器的尺寸均为 30mm×30mm×30mm。

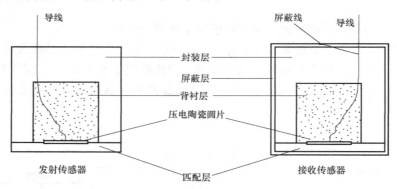

图 3-2　埋入式超声传感器的结构

### 3.2.2　埋入式超声传感器的制备

发射传感器和接收传感器的制作过程大体相同。首先,将带有 BNC 接头的同轴电线焊接到压电陶瓷圆片的电极上。将其固定在 20mm×20mm×20mm 的硅胶模具中后,浇筑匹配层。当匹配层固化后再浇筑背衬层。常温养护 24h 后脱模,将其放入 30mm×30mm×30mm 的硅胶模具中用封装层进行封装。所有传感器的匹配层和封装层均是由波特兰水泥、环氧树脂及固化剂(水泥/聚合物)按照一定比例在高速剪切分散机中搅拌混合后抽真空完成。匹配层与硬化水泥砂浆或混凝土之间的声阻抗差非常小,可以减少这两种材料之间的超声波能量损失[3,5]。随后,先浇筑一层背衬层后,再浇筑封装层。背衬层由水泥/聚合物和钨粉组成。对于接收传感器，压电陶瓷圆片固定好后直接浇筑封装层，待其固化后在封装层表面涂抹一层薄的银浆作为屏蔽层，并将预留的一小段屏蔽线与屏蔽层相连。埋入式超声传感器的制作流程如图3-3所示。传感器可根据实际需求制备成立方体或圆柱体，图3-4为制备好的一对埋入式超声传感器。

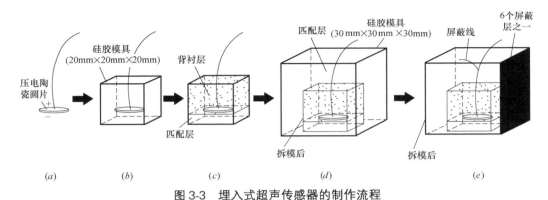

图 3-3　埋入式超声传感器的制作流程

（a）焊接；（b）压电陶瓷圆片的固定；（c）匹配层和背衬层的浇筑；（d）封装层的浇筑；（e）涂抹屏蔽层

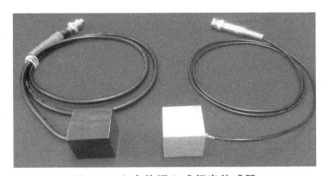

图 3-4　立方体埋入式超声传感器

### 3.2.3　埋入式超声传感器的标定

　　制备好的发射传感器和接收传感器需在去离子水中校准，以检验其测试精度。将一对发射传感器和接收传感器按一定距离悬空固定在塑料模具中，使发射传感器的发射面正对接收传感器的接收面。然后，向塑料模具中注入去离子水，直至去离子水完全浸没传感器。图3-5为超声发射信号和接收信号的时域图。超声发射信号的起点和接收信号首波起点之间的时间差即为超声波在介质中的传播时间。根据发射传感器和接收传感器之间的距离，即可求得超声波在介质中的传播速度。根据Senghaphan[6]的研究结果，超声波在20℃、30℃和50℃水中的速度分别为1480m/s、1510m/s和1540m/s。传感器标定试验中，将实测超声波速度与超声波在20℃水中传播速度理论值1480m/s作对比。如果误差不超过5%，即可认为所测试的超声传感器满足精度要求。

　　由于超声传感器是手工制备的，每对传感器在20℃去离子水中的实测速度与理论值的误差均不相同。因此，用所制备的超声传感器检测或监测水泥基材料传播速度时，需要对结果进行校正。校正公式如公式（3-1）和公式（3-2）所示。

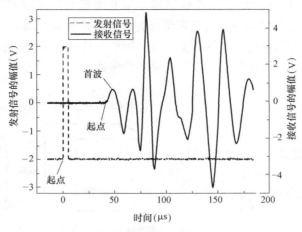

图 3-5　超声发射信号与接收信号时域图

$$t_{\text{delay}} = t_{\text{water}} - \frac{L}{V_0} \tag{3-1}$$

$$V = \frac{L}{t - t_{\text{delay}}} \tag{3-2}$$

式中　$L$——发射传感器发射面与接收传感器接收面之间的距离；

　　　$V_0$——超声波在去离子水中的理论速度值；

　　　$t_{\text{water}}$——超声波在去离子水中的传播时间；

　　　$t_{\text{delay}}$——超声波的延迟时间；

　　　$V$——超声波在水泥基材料中的传播速度；

　　　$t$——超声波在水泥基材料中的传播时间。

　　值得一提的是，若要进行不同养护温度下水泥基材料的水化过程监测，标定过程应该在相应的温度下进行，超声波在相应温度下的速度值以上述 Senghaphan 的研究结果为准。试验过程中，每组信号连续发射、采集 5 次，并求平均值，以消除试验误差。

## 3.3　基于超声波的水泥水化过程在线监测

### 3.3.1　典型超声纵波速度曲线

　　30℃恒温养护情况下水泥浆体超声纵波速度曲线如图 3-6 所示。从图中可以看出，该曲线可以分为 4 个阶段：诱导期（$O{\rightarrow}A$ 段）、加速期（$A{\rightarrow}B$ 段）、减速期（$B{\rightarrow}C$ 段）和稳定期（$C{\rightarrow}\infty$ 段）。其中，$A$ 点为超声纵波速度曲线出现的第一个转折点，$B$ 点为图 3-6 所示切线的交点，$C$ 点为 72h 后超声纵波速度曲线上的点。每个阶段的超声纵波传播特征如下：

　　（1）诱导期：超声纵波速度小于 650m/s，增长较慢，远低于其在 30℃纯水中的波速

（1510m/s）。产生这种现象的原因主要有两个方面：1）新拌水泥浆体内部通常含有大量气泡，当超声波遇到气泡时，超声波产生反射与衰减[7]，从而导致超声波速度的降低。Zhu 等的[8] 研究表明，水泥水化初期，随着含气量的增加，超声纵波速度逐渐减小。如果采取措施排出水泥浆体内部的气体，诱导期的超声纵波速度能达到 1500m/s 左右。2）水泥一旦与水混合后，$K^+$、$Na^+$ 和 $Ca^{2+}$ 等离子从水泥颗粒中溶解到溶液中。研究表明，超声纵波在盐溶液中的传播速度高于其在纯水中的传播速度，且盐溶液浓度越高，超声纵波速度越大[9]。通过试验测得超声波在 10%NaOH 溶液中的传播速度为 1700m/s。所以，孔溶液中离子浓度的增加会增大超声纵波速度。然而，诱导期的超声纵波速度小于 650m/s，很明显，在水泥水化的初期，离子浓度对超声纵波速度的影响远小于含气量的影响。

（2）加速期：超声纵波速度增长迅速。这是因为随着水泥水化的进行，生成大量水化产物，水化产物之间相互连接，逐渐形成网状结构。此时，超声纵波优先通过固相传播，传播速度远大于在黏性水泥悬浮液中的传播速度[3]。转折点 A 可视为水泥浆体由悬浮状态向固态转变的临界点[3]。

（3）减速期：超声纵波速度增长缓慢，并逐渐趋于平稳。该阶段，水泥已完成大部分水化，固相骨架已经大致形成，水泥水化反应变缓，少量生成的水化产物逐渐填充到水泥浆体中的毛细孔，超声波传播通道更加畅通。转折点 B 可视为固相开始完全搭接的临界点[10]。

（4）稳定期：超声纵波速度基本恒定。表明水泥已完成大部分水化。

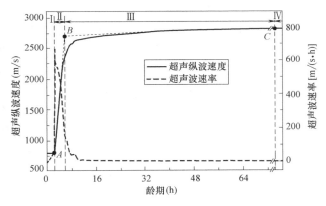

图 3-6　30℃恒温养护情况下水泥浆体超声纵波速度曲线

Ⅰ—诱导期；Ⅱ—加速期；Ⅲ—减速期；Ⅳ—稳定期

## 3.3.2　养护温度对水泥基材料水化硬化的影响

养护温度对矿渣水泥浆体和纯水泥浆体超声纵波速度的影响如图 3-7 所示。很明显，随着养护温度的升高，矿渣水泥浆体和纯水泥浆体的诱导期和加速期均变短。此外，养护温度越高，诱导期的初始波速越大。这是因为较高的养护温度可以加速水泥熟料的溶解[11]。同一养护温度下，由于矿渣颗粒的比表面积大于水泥颗粒，增加了固相颗粒之间的接触几率，导致矿渣水泥浆体诱导期的超声纵波速度大于纯水泥浆体。但随着水化反应的进行，由于矿渣颗粒的火山灰反应活性相对较低，所以同一养护温度下矿渣水泥浆体的超声纵波速度均小于纯水泥浆体。当养护龄期相同时，矿渣水泥浆体和纯水泥浆体的超声纵波速度均随着养护温度的升高而增大。20℃、30℃和50℃恒温养护 3d 时，矿渣水泥浆

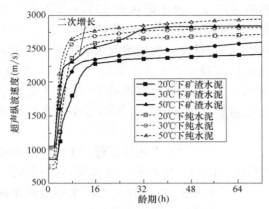

图 3-7　养护温度对矿渣水泥浆体和
纯水泥浆体超声纵波速度的影响

体的超声纵波速度分别为 2411m/s、2592m/s 和 2834m/s。随着养护温度的升高，同一温度下矿渣水泥浆体和纯水泥浆体的超声纵波速度差值逐渐减小。表明高温养护促进了矿渣的水化反应，形成了更多的固相水化产物，促进了水泥浆体微结构的形成。

50℃恒温养护 8h 时，矿渣水泥浆体超声纵波速度出现了第二次加速增长的现象。这是因为，50℃的养护温度提高了矿渣化学活性的发挥程度，使得矿渣的化学活性开始时间提前，加速了水泥浆体微结构的形成。这与 Robeyst 等[12] 的研究结果一致。因此，50℃恒温养护条件下，矿渣水泥早期的水化可以分为诱导期、加速期、二次增长期、减速期和稳定期五个阶段[13]。

### 3.3.3　基于超声纵波速度微分曲线的水泥凝结时间确定方法

Carette 等[14] 研究发现，超声纵波可以用来确定砂浆的凝结时间，然而横波传播比纵波传播更敏感。Trtnik 和 Zhang 等[15,16] 指出，超声纵波速度微分曲线可用于确定水泥浆体的凝结时间。同一养护温度下矿渣水泥浆体和纯水泥浆体超声纵波速度微分曲线如图 3-8 所示。图中方点对应的是用维卡仪方法测得的初凝时间，圆点对应的则是终凝时间，详见表 3-1。从图中可以看出，初凝时间点与图中超声纵波速度微分曲线的第一个拐点非常吻合，而终凝时间点与超声纵波速度微分曲线的峰值点一致。相比于维卡仪方法，基于超声波确定水泥凝结时间可实现在线连续监测，节省人力，且测试结果更精准。埋入式超声传感器的采用，可实现新建工程的原位监测，指导混凝土工程的现场施工及后续损伤监测。

超声纵波速度微分曲线特征值与水泥凝结时间　　　　　　表 3-1

| 组别 | 养护温度 | 诱导期持续时间(h) | 超声波速率最大值所对应的时间(h) | 维卡仪测得的凝结时间(h) | |
| --- | --- | --- | --- | --- | --- |
| | | | | 初凝 | 终凝 |
| 纯水泥 | 20℃ | 2.67 | 3.04 | 2.50 | 3.00 |
| | 30℃ | 2.17 | 2.71 | 2.25 | 2.67 |
| | 50℃ | 1.83 | 2.09 | 1.67 | 2.00 |
| 矿渣水泥 | 20℃ | 2.83 | 4.10 | 3.0 | 4.00 |
| | 30℃ | 2.33 | 3.19 | 2.42 | 3.00 |
| | 50℃ | 2.00 | 2.49 | 2.00 | 2.50 |

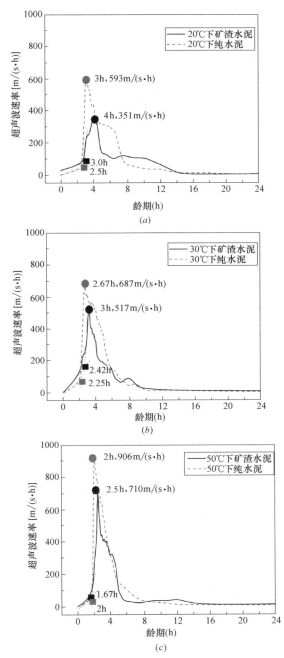

图 3-8 同一养护温度下矿渣水泥浆体和纯水泥浆体超声纵波速度微分曲线

(*a*) 20℃；(*b*) 30℃；(*c*) 50℃

## 3.4 水泥抗压强度与超声纵波速度的关系

图 3-9 和图 3-10 为养护温度对纯水泥浆体和矿渣水泥浆体的抗压强度和抗折强度的影响。50℃养护温度下，纯水泥浆体和矿渣水泥浆体水化 8h 后抗折强度均出现了下降，

24h后其抗折强度逐渐增长，但始终低于20℃和30℃养护温度下的抗折强度；30℃养护温度下，纯水泥浆体抗折强度48h后开始下降，矿渣水泥浆体抗折强度24h后开始下降；20℃养护温度下，纯水泥浆体和矿渣水泥浆体的抗折强度并没有出现下降的现象。由此可见，养护温度的提高能提高水泥基材料早期的抗折强度，但随着水化龄期的增长，抗折强度有所降低。此结果与Zhang等[17]的试验结果一致。这是因为，50℃相比20℃和30℃养护温度下水泥的水化反应更加剧烈，能较快地形成水化产物，但是此时生成的水化产物存在一定的缺陷[18,19]，后续生成的少量水化产物不足以填充这些缺陷，而水泥基材料浆体的抗折强度对微结构中的缺陷非常敏感，从而导致抗折强度的降低[19,20]。随着水化反应的继续进行，水泥浆体微结构越来越致密，缺陷越来越少，抗折强度逐渐提高。

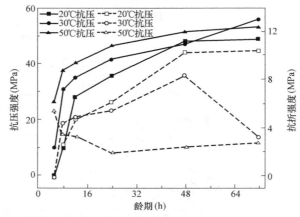

图3-9　养护温度对纯水泥浆体抗压强度和抗折强度的影响

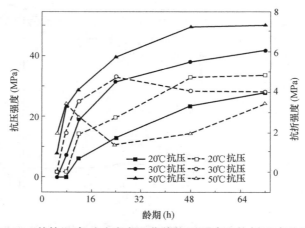

图3-10　养护温度对矿渣水泥浆体抗压强度和抗折强度的影响

不同养护温度下，纯水泥浆体和矿渣水泥浆体抗压强度与超声纵波速度的关系如图3-11和图3-12所示。从图中可以看出，养护温度为20℃和30℃时纯水泥浆体和矿渣水泥浆体的抗压强度与超声纵波速度的关系符合Tharmaratnam等[21,22]提出的指数方程，如公式（3-3）所示。这表明，在相对较低的养护温度（20℃和30℃）下，抗压强度的增长速率比超声纵波速度的增长速率慢。水泥水化过程中，诱导期超声纵波速度的增长主要是由于水泥颗粒的紧密堆积导致的[12]。所以，养护温度为 20℃和 30℃时，纯水泥浆体和矿渣水泥浆体超声纵波速度的增长主要是因为生成的水化产物包裹了未水化的水泥颗粒并使之相连通，为超声波的传播提供了通道[3,10]。而此时生成的水化产物有限，因而抗压强度的增长并没有超声纵波速度增长的那么快。当拟合曲线过了拐点之后，抗压强度与超声纵波速度近似呈线性增长。这是由于纯水泥浆体和矿渣水泥浆体经过固相逾渗阈值后，越来越多的水化产物开始产生，固相之间的骨架也逐步开始搭建。

另外，图 3-11 和图 3-12 中每两条拟合曲线之间均有一个交点，超过此交点后，在同一超声纵波速度下，养护温度较低的水泥浆体其对应的抗压强度反而越高。这是因为水泥浆体的固相完全连通后，较高的养护温度使得快速反应的水化产物不均匀分散，伴随着多孔结构的产生，降低其抗压强度。

$$f_c = a\,e^{bV_x} \tag{3-3}$$

式中　$f_c$——水泥基材料的抗压强度（MPa）；

　　　$V_x$——超声监测系统测得的水泥基材料的超声纵波速度（m/s）；

　　　$a$、$b$——回归系数。

养护温度为 50℃时，纯水泥浆体和矿渣水泥浆体的抗压强度与超声纵波速度之间则满足线性关系[13]，如公式（3-4）所示。对于纯水泥浆体而言，较高的养护温度使得水泥浆体中迅速产生大量水化产物。对于矿渣水泥浆体而言，较高的养护温度激发了矿渣的火山灰活性，也迅速生成了水化产物，此时水化产物之间逐渐形成致密的网状结构，因此超声纵波速度和抗压强度均有较快的增长。相比较而言，养护温度为 50℃时，矿渣水泥浆体的曲线斜率比纯水泥浆体的曲线斜率更大。表明矿渣水泥浆体水化对高温更为敏感。对 Arrhenius 方程[23] 取自然对数，并对其微分得 $d\ln k/dT = E/(RT^2)$。随着温度的升高，表观活化能 $E$ 越大，反应速率常数增大得越快。Carette[24] 的研究表明，矿渣在最终凝固后会引起表观活化能的显著增加。高炉矿渣的表观活化能高于水泥，因此，温度的升高对矿渣水泥浆体抗压强度和超声纵波速度增长的促进作用要高于纯水泥浆体。Barnett 等[25,26] 研究发现，随着养护温度的升高，矿渣水泥砂浆强度的增长相比于纯水泥砂浆更敏感是因为矿渣具有较高的表观活化能。

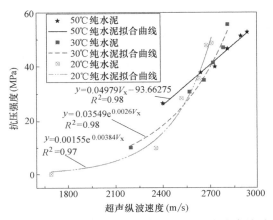

图 3-11　纯水泥浆体抗压强度与超声纵波速度的关系

$$f_c = kV_x - d \tag{3-4}$$

式中 $k$、$d$——回归系数。

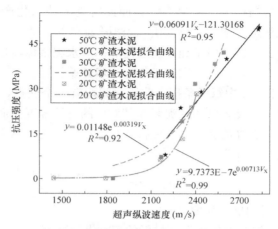

图 3-12 矿渣水泥浆体抗压强度与超声纵波速度的关系

## 3.5 基于超声波的普通混凝土材料水化过程在线监测

### 3.5.1 试件制备

混凝土配合比如表 3-2 所示。混凝土浇筑之前，将埋入式超声传感器放入模具中，混凝土搅拌浇入模具中之后，用塑料膜覆盖混凝土表面，避免水分散失，在室温（22℃）条件下养护。启动埋入式超声监测系统，采样频率为 6min 一次。

混凝土配合比（质量比） 表 3-2

| 试件编号 | 水泥 | 水 | 砂子 | 石子 |
| --- | --- | --- | --- | --- |
| WC_0.45 | 1 | 0.45 | 1.5 | 2.5 |
| WC_0.55 | 1 | 0.55 | 1.5 | 2.5 |

### 3.5.2 普通混凝土超声纵波速度曲线

普通混凝土超声纵波速度曲线如图 3-13 所示。从图中可以看出，超声纵波速度曲线基本分为 3 个特征区域。（1）第一个特征区域，WC_0.45 试件和 WC_0.55 试件的超声纵波速度在 250～400m/s 范围内保持稳定。（2）WC_0.45 试件大约在 80min 之后，WC_0.55 试件大约在 95min 之后，以对数时间尺度获得的超声纵波速度曲线的斜率开始增大。该时间可视为第二个特征区域的起始时间。第二个特征区域最明显的特征是超声纵波速度迅速增加。WC_0.45 试件的超声纵波速度从 400m/s 迅速增加到 4300m/s。而 WC_0.55 试件的超声纵波速度从 400m/s 增加到 3400m/s。（3）690min 之后，WC_0.45 试件的超声纵波速度曲线斜率开始减小，1224min 之后，超声纵波速度基本保持不变。910min 之后，WC_0.55 试件的超声纵波速度曲线斜率开始减小，993min 之后，超声纵波速度基本保持不变。

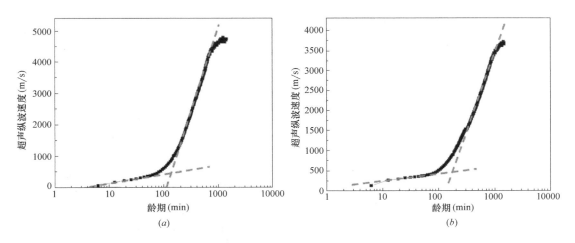

图 3-13　普通混凝土超声纵波速度曲线
(*a*) WC_0.45 试件；(*b*) WC_0.55 试件

### 3.5.3　普通混凝土超声波频域谱特性

　　超声波在混凝土内部传播的时域函数如公式（3-5）所示（"＊"表示卷积积分）。对公式（3-5）进行拉普拉斯变换，得到公式（3-6），以便说明在复频域（$s$ 域）中监测到的超声波和超声波源之间的关系。假设 $s=j\omega$（$j$ 为复数单位，$\omega$ 为频率），可以通过变量替换从公式（3-6）确定频域谱。在普通混凝土凝结硬化过程中，混凝土的微结构不断发生变化，而埋入式超声波发射器和接收器性能不变[27,28]，所以可以通过频域谱的变化间接反映出混凝土微结构的变化。

$$V(t)=T(t) * [G(t) * M(t)] \tag{3-5}$$

式中　$V(t)$——超声波时域函数；

　　　$T(t)$——超声波监测系统的响应函数；

　　　$G(t)$——基于传输介质的弹性动力学 Green 函数；

　　　$M(t)$——时域超声波源的功能函数。

$$V(s)=T(s) \cdot [G(s) \cdot M(s)] \tag{3-6}$$

　　普通混凝土频域谱如图 3-14 所示[31]。很明显，混凝土浇筑完成 50min 以内，5kHz以上超声波无法通过混凝土。在此期间，混凝土内部固相尚未连接，超声波主要在液相中传播。Sayers 等的[29] 研究表明，气泡对高频超声波的衰减非常大，新拌混凝土中的气泡会对超声波的极低频率分量产生明显的过滤效应。所以，可以认为低频超声波的演变与混凝土内气泡含量关系不大。最初，超声波中高于 5kHz 的频率分量在 50min 之前无法传输。在此期间，传播介质仍以液相为主。固相的连通性尚没有完成。因此，液相主要支持5kHz 以下频率分量的传输。100min 时，钙矾石和氢氧化钙大量形成，初步形成固相网络，10kHz 以下的低频分量超声波能够通过新形成的固相微结构。然而，10kHz 以上的高频分量超声波无法传播。而且，水灰比越低，10kHz 以下的低频分量超声波的幅值增长越快。这是因为水灰比越低，水化速度越快，固相微结构形成也就越快。WC_0.45 试件和 WC_0.55 试件分别在 200min 和 400min 后，10kHz 以下的低频分量超声波的幅值继续增大，而且监测到了 10kHz 以上的高频分量超声波，高频分量超声波的幅值随着水化时间的增加而增加。Mindess[30] 指出，高频分量超声波的传播与 C-S-H 凝胶量的变化密切相关。由水泥水化机理可知，这个时间段硅酸三钙发生水化反应，会生成大量的 C-S-H 和氢氧化钙。氢氧化钙的增加有利于低频分量超声波的传播，表现为低频分量超声波幅值的增加。而 C-S-H 的增加有利于高频分量超声波的传播，所以能够监测到高频分量超声波，而且高频分量超声波的幅值随着水化时间的增加而增加。所以，如果提高埋入式超声监测系统的数据采集频率，就可以通过频域谱来无损确定水泥水化产物出现的时间。

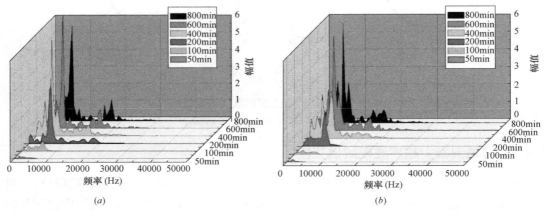

$(a)$ 　　　　　　　　　　　　　　　　　$(b)$

图 3-14　普通混凝土频域谱

（$a$）WC_0.45 试件；（$b$）WC_0.55 试件

# 本章参考文献

[1]　Dumoulin C，Deraemaeker A. Design optimization of embedded ultrasonic transducers for concrete structures assessment [J]. Ultrasonics. 2017，79（Supplement C）：18-33.

[2]　Xu D，Huang S，Qin L，Lu L，Cheng X. Monitoring of cement hydration reaction process based on ultrasonic technique of piezoelectric composite transducer [J]. Construction & Building Materials. 2012，35（25）：220-6.

[3]　Lu Y，Ma H，Li Z. Ultrasonic monitoring of the early-age hydration of mineral admixtures incorporated concrete using cement-based piezoelectric composite sensors [J]. Journal of Intelligent Material Systems and Structures. 2015，26（3）：280-91.

[4]　Huang S，Sun M，Zhou M，Xu D，Li Q，Cheng X. Preparation and Properties of 1-3 Piezoelectric Composite Transducers [J]. Materials and Manufacturing Processes. 2015，30（2）：179-83.

[5]　Li Z，Zhang D，Wu K. Cement-Based 0-3 Piezoelectric Composites [J]. Journal of the American Ceramic Society. 2002，85（2）：305-13.

[6]　Senghaphan W，Zimmerman G，Chase CE. Search for Anomalies in the Temperature Dependence of Ultrasonic Velocity in Water [J]. The Journal of Chemical Physics. 1969，51（6）：2543-5.

[7]　Povey MJW. 1 - INTRODUCTION. Ultrasonic Techniques for Fluids Characterization. San

Diego: Academic Press; 1997. p. 1-10.

[8]　Zhu J, Kee S-H, Han D, Tsai Y-T. Effects of air voids on ultrasonic wave propagation in early age cement pastes [J]. Cement and Concrete Research. 2011, 41 (8): 872-81.

[9]　Xiao L, Li Z. New Understanding of Cement Hydration Mechanism through Electrical Resistivity Measurement and Microstructure Investigations [J]. Journal of Materials in Civil Engineering. 2009, 21 (8): 368-73.

[10]　Liu Z, Zhang Y, Jiang Q, Sun G, Zhang W. In situ continuously monitoring the early age microstructure evolution of cementitious materials using ultrasonic measurement [J]. Construction and Building Materials. 2011, 25 (10): 3998-4005.

[11]　Lothenbach B, Matschei T, Möschner G, Glasser FP. Thermodynamic modelling of the effect of temperature on the hydration and porosity of Portland cement [J]. Cement and Concrete Research. 2008, 38 (1): 1-18.

[12]　Robeyst N, Gruyaert E, Grosse CU, De Belie N. Monitoring the setting of concrete containing blast-furnace slag by measuring the ultrasonic p-wave velocity [J]. Cement and Concrete Research. 2008, 38 (10): 1169-76.

[13]　Zhang S, Zhang Y, Li Z. Ultrasonic monitoring of setting and hardening of slag blended cement under different curing temperatures by using embedded piezoelectric transducers [J]. Construction and Building Materials. 2018, 159: 553-60.

[14]　Carette J, Staquet S. Monitoring the setting process of mortars by ultrasonic P and S-wave transmission velocity measurement [J]. Construction and Building Materials. 2015, 94 (Supplement C): 196-208.

[15]　Trtnik G, Turk G, Kavčič F, Bosiljkov VB. Possibilities of using the ultrasonic wave transmission method to estimate initial setting time of cement paste [J]. Cement and Concrete Research. 2008, 38 (11): 1336-42.

[16]　Zhang Y, Zhang W, She W, Ma L, Zhu W. Ultrasound monitoring of setting and hardening process of ultra-high performance cementitious materials [J]. NDT & E International. 2012, 47: 177-84.

[17]　Zhang W, Zhang Y, Liu L, Zhang G, Liu Z. Investigation of the influence of curing temperature and silica fume content on setting and hardening process of the blended cement paste by an improved ultrasonic apparatus [J]. Construction and Building Materials. 2012, 33: 32-40.

[18]　Gallucci E, Zhang X, Scrivener KL. Effect of temperature on the microstructure of calcium silicate hydrate (C-S-H) [J]. Cement and Concrete Research. 2013, 53: 185-95.

[19]　Escalante-García JI, Sharp JH. The microstructure and mechanical properties of blended cements hydrated at various temperatures [J]. Cement and Concrete Research. 2001, 31 (5): 695-702.

[20]　Zain MFM, Radin SS. Physical properties of high-performance concrete with admixtures exposed to a medium temperature range 20℃ to 50℃ [J]. Cement and Concrete Research. 2000, 30 (8): 1283-7.

[21]　Tharmaratnam K, Tan BS. Attenuation of ultrasonic pulse in cement mortar [J]. Cement & Concrete Research. 1990, 20 (3): 335-45.

[22]　Demirboǧa R, Türkmenİ, Karakoç MB. Relationship between ultrasonic velocity and com-

pressive strength for high-volume mineral-admixtured concrete [J]. Cement & Concrete Research. 2004，34 (12)：2329-36.

[23]　Tank RC，Carino NJ. Rate constant functions for strength development of concrete [J]. ACI Materials Journal. 1991，88 (1)：74-83.

[24]　Carette J，Staquet S. Monitoring and modelling the early age and hardening behaviour of eco-concrete through continuous non-destructive measurements：Part I. Hydration and apparent activation energy [J]. Cement and Concrete Composites. 2016，73 (Supplement C)：10-8.

[25]　Barnett SJ，Soutsos MN，Millard SG，Bungey JH. Strength development of mortars containing ground granulated blast-furnace slag：Effect of curing temperature and determination of apparent activation energies [J]. Cement and Concrete Research. 2006，36 (3)：434-40.

[26]　Nurse RW. Steam curing of concrete [J]. Magazine of Concrete Research. 1949，1 (2)：79-88.

[27]　Daponte P，Maceri F，Olivito RS. Ultrasonic signal-processing techniques for the measurement of damage growth in structural materials [J]. IEEE Transactions on Instrumentation and Measurement. 1995，44 (6)：1003-8.

[28]　Lamonaca F，Carrozzini A，editors. Non destructive monitoring of civil engineering structures by using time frequency representation. 2009 IEEE International Workshop on Intelligent Data Acquisition and Advanced Computing Systems：Technology and Applications；2009 21-23 Sept. 2009.

[29]　Sayers CM，Dahlin A. Propagation of ultrasound through hydrating cement pastes at early times [J]. Advanced Cement Based Materials. 1993，1：12-21.

[30]　Mindess S，Young J，Darwin D. Concrete，Second Edition：Pearson Education；2003.

[31]　Lu Y. Non-destructive Evaluation on Concrete Materials and Structures using Cement-based Piezoelectric Sensor [M]. Hong Kong University of Science and Technology (Hong Kong)，2010.

# 第4章 基于超声波的混凝土材料内部
损伤监测技术

各种因素引发的混凝土开裂是影响混凝土结构耐久性、服役寿命和安全性的关键问题。因此对混凝土结构在服役期间的损伤监测极为必要。近年来，应变片技术被广泛应用于混凝土的裂缝监测中[1-3]。然而，应变片技术使用前需要进行大量准备工作，并且无法连续监测结构损伤的全过程。此外，混凝土表面的粗糙程度引起的不均匀应变场会对测试结果产生很大影响[4]。射线照相技术，即 X 射线、γ 射线和中子射线技术，能够精准检测到混凝土中的损伤[5]。然而，射线照相技术的分辨率取决于测试对象的尺寸。一般而言，样品越薄，分辨率越高[6]，射线照相技术成本较高，操作较为复杂，而且无法用于实际工程。此外，声发射技术是基于记录瞬时信号的无损检测技术，对于探测混凝土中裂纹的萌发、损伤定位及裂纹扩展相比于传统方法具有更大的优势[7,8]。Dumoulin 等[9] 指出，与超声法相比，在混凝土结构损伤监测中声发射监测系统若暂停或未运行，则无法记录到先前的损伤信息。因此对于混凝土结构中缺陷的识别，是选择声发射技术还是其他监测手段，取决于仪器的性能、适用范围、现场条件以及实际需求。超声波传播技术被认为是最可靠、最方便的无损检测方法之一，可以用来评估混凝土的质量或损伤。但是传统的商用 PZT 超声传感器通常会使用耦合剂来保持其与混凝土表面的接触。由于混凝土表面的凹凸不平或人为操作的不当，传感器和混凝土之间会不可避免地出现匹配性问题[10,11]。另外，在人为操作受限制的混凝土结构测试区域，这种外接传感器的使用受到限制[11,12]。近年来，一些研究人员开发了可用于混凝土结构中的埋入式压电传感器[13]。该传感器可以灵活地布置在混凝土结构内部进行原位无损检测。

混凝土开裂的预报预警至关重要，它有助于提早采取预防或修复措施来维护混凝土结构的安全使用[14,15]。张亚梅教授团队采用自主开发的埋入式超声监测系统，研究了不同强度等级混凝土带缺口试件在三点弯曲荷载作用下的损伤过程，并对比了埋入式超声法和传统应变片法对荷载损伤的监测结果[16]。

## 4.1 超声监测系统

试验采用的超声监测系统由自行开发的计算机程序进行控制，由任意波发生器、功率放大器、一对埋入式超声传感器、数字示波器和电脑组成。其工作原理详见第 3 章。通过分析混凝土结构损伤前后超声监测系统接收信号的变化可以评估混凝土结构的损伤状态。系统采集数据的后处理通过使用 PYTHON 软件实现。

## 4.2 混凝土超声损伤指标

超声声时（可以根据 $l/v$ 计算，其中 $l$ 为传播距离，$v$ 为超声波速度）和首波幅值是基于超声波评价混凝土损伤程度的两个重要参数[17,18]。Shokouhi 等[15] 指出，接收信号的幅值变化比传播时间更敏感。当混凝土损伤时，首波幅值会降低，如图 4-1 所示。以接收信号首波在前半周期时间窗中幅值的变化作为判断混凝土损伤演变的指标。其中，接收信号的第一周期与最短传播路径直接相关，仅受发射传感器和接收传感器之间混凝土力学性能的影响[9,19]。损伤指标 $I_x$ 与钢筋混凝土中损伤变化评估的原理相类似[20]，如公式 （4-1） 所示。

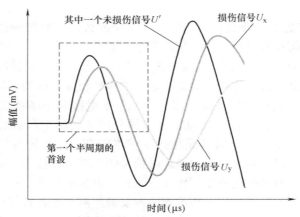

图 4-1　未损伤和损伤信号的时域图

$$I_x = \frac{U_0 - U}{U_0} \tag{4-1}$$

式中　$U$——接收信号在第一个半周期的幅值；

　　　$U_0$——基准值。

　　由于加载过程中设备的振动等原因，数据采集过程中会受到噪声的干扰，未损伤构件接收信号的幅值会在一定范围内波动，如图 4-2 所示。未损伤构件的超声波幅值符合高斯分布，因此对其进行高斯拟合，获得拟合参数。拟合参数的均值（或数学期望）作为基准值 $U_0$。与 Dumoulin 等[19] 提出的公式相比，该损伤指标消除了环境噪声对接收信号首

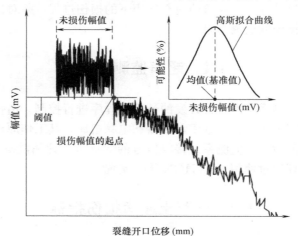

图 4-2　带缺口混凝土试件的首波幅值演变

波幅值的影响。根据公式（4-1）可知，当损伤指标 $I_x=0$ 时，表明所测试的构件没有损伤；当损伤指标 $I_x=1$ 时，表明损伤幅值太弱而无法监测。

## 4.3　试件制备及三点弯曲试验

成型 C40、C60 和 C80 三种强度等级的混凝土试件，试件尺寸为 100mm×100mm×400mm。混凝土试件成型过程中，在试件长度方向中间位置预留尺寸为 100mm（长）×2mm（宽）×35mm（高）的裂缝。

混凝土试件浇筑前，通过有机玻璃板将一对超声传感器固定在塑料模具中。有机玻璃板粘贴在传感器的背面，所以其对超声信号的发射和接收以及带缺口混凝土试件的断裂过程没有影响。发射传感器和接收传感器之间的距离为 150mm。发射传感器和接收传感器的外边缘之间的连线相切于缺口尖端，如图 4-3 所示。众所周知，超声纵波在混凝土内部的传播遵循最快传播路径或最短传播时间的原则[14]。当混凝土未损伤时，发射传感器发射的超声波传播路径呈折线形式，如图 4-3 所示。随着荷载的增大，裂纹将在缺口的尖端处产生，会使得超声波在尖端处产生衍射和折射[21]。一旦在缺口尖端附近有裂纹产生，超声波传播路径就会增大。带缺口混凝土试件成型 24h 后拆模。对试件表面清理之后，放入混凝土标准养护室养护至 28d。然后，进行三点弯曲试验。

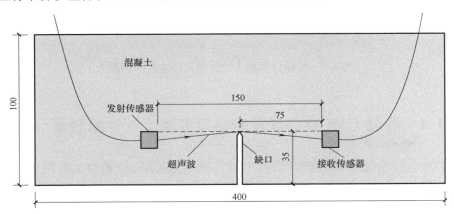

图 4-3　埋入式超声传感器在带缺口混凝土试件中的布置

三点弯曲试验在 MTS 810 万能试验机上进行，加载速度为 0.02mm/min。夹式引伸计安装在带缺口混凝土试件底部初始缺口两侧，以测试带缺口混凝土试件加载过程中的裂缝开口位移（CMOD），如图 4-4 所示。同时，在带缺口混凝土试件侧面初始裂缝两侧对称位置粘贴应变片，应变片位于缺口尖端的切线方向[22]，应变片的布置如图 4-5 所示。选用的胶基应变片敏感栅尺寸为 10mm×3mm，灵敏系数为 2.08，电阻为 120Ω。应变片需要进行温度补偿，补偿片粘贴在相同配合比、相同养护龄期的立方体混凝土试件表面。立方体混凝土试件放到试验机旁边，不受荷载作用。应变片通过半桥接法连接到应变采集仪上，测试加载过程中带缺口混凝土试件初始裂缝两侧的应变。

图 4-4　三点弯曲试验

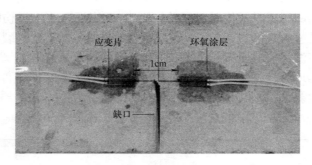

图 4-5　带缺口混凝土试件表面应变片的布置

## 4.4　荷载-CMOD 曲线及带缺口混凝土试件断裂面形貌

图 4-6 为不同强度等级带缺口混凝土试件的荷载-CMOD 曲线。从图中可以看出，C40、C60 和 C80 带缺口混凝土试件的峰值荷载分别为 4009N、5227N 和 6341N。表明随着混凝土强度等级的提高，其断裂的峰值荷载也逐渐增大；当外加荷载达到峰值时，其峰也更加尖锐，所对应的开口位移值也越小。与 C40 和 C60 带缺口混凝土试件相比，C80 带缺口混凝土试件在峰值荷载以后荷载下降更快。表明了 C80 混凝土断裂破坏更为迅速。由此可见，混凝土的强度等级越高，其脆性越大[23]。

图 4-7 为带缺口混凝土试件断裂面形貌（其中：A 表示完全断裂的粗骨料，B 表示未断裂的粗骨料）。从图中可以看出，C40 带缺口混凝土试件的大多数粗骨料是未断裂的，断裂面具有不规则和粗糙的特性；在 C60 带缺口混凝土试件的断裂面上，只有部分粗骨料直接断裂；C80 带缺口混凝土试件的断裂面是平整的，大多数粗骨料直接断裂。结合荷载-CMOD 曲线可以看出，高强度混凝土的裂纹既沿界面扩展，又可贯穿粗骨料，裂缝发展较快。C40 和 C60 带缺口混凝土试件的裂缝的锯齿形增长路径表明，裂缝主要沿着粗骨料和砂浆之间的界面过渡区（ITZ）传播，这是低强度和普通强度混凝土中最薄弱的区域[23]。

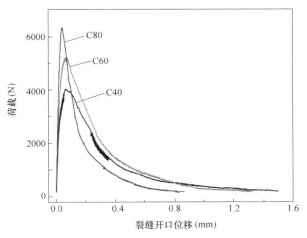

图 4-6　不同强度等级带缺口混凝土试
件的荷载-CMOD 曲线

(*a*)　　　　　　　　　　(*b*)　　　　　　　　　　(*c*)

图 4-7　带缺口混凝土试件断裂面形貌
(*a*) C40；(*b*) C60；(*c*) C80

## 4.5　加载过程中超声损伤指标演变

图 4-8～图 4-10 为不同强度等级混凝土试件的超声损伤指标与荷载-CMOD 曲线。从图中可以看出,超声损伤指标的演变可分为 3 个阶段:未损伤期、损伤加速期和破坏期[19]。

(1) 未损伤期:超声损伤指标发展缓慢并在一定范围内波动。

(2) 损伤加速期:在未损伤期的末端,超声损伤指标突然发生变化,存在突变点,表明混凝土内部裂缝的开始或扩展。该突变点所对应的荷载为混凝土试件的起裂荷载。此后,大量微裂纹的陆续出现并扩展,阻碍了超声波的传播,超声损伤指标开始迅速增大。C80、C60 和 C40 混凝土试件在损伤加速期的持续阶段分别为 0.0792～0.1219mm、0.1782～0.2464mm 和 0.3069～0.5801mm。随着混凝土强度等级的提高,加速损伤期的持续阶段明显缩短。Wu 等[24] 指出,抗压强度越高,混凝土的脆性越大。根据 Carpinteri 和 Brighenti[25] 的研究结果,低强度混凝土具有更高的能量耗散能力和延展性。Wittmann[26]

从裂纹形成的角度指出，高强度混凝土比普通混凝土具有较低的延展性。不同强度等级混凝土的加速损伤期的持续时间可以被区分出来，这表明利用埋入式超声法可以敏感地探测到不同强度等级混凝土之间的损伤加速阶段的持续时间。

（3）破坏期：超声损伤指标接近 1。表明混凝土材料已完全破坏，此阶段接收传感器采集不到超声波信号。值得注意的是，当荷载下降至最大值的 50%～60% 时，超声损伤指标会达到饱和，而荷载仍然可以增长，这表明该指标在破坏期的描述中存在一定的局限性。如果沿着缺口上方的深度使用多对传感器，则损伤演变的信息会更加完整。所以，该方法可以捕获到混凝土试件损伤的起始点，并能原位监测到随后裂缝的发展，直至混凝土完全破坏。

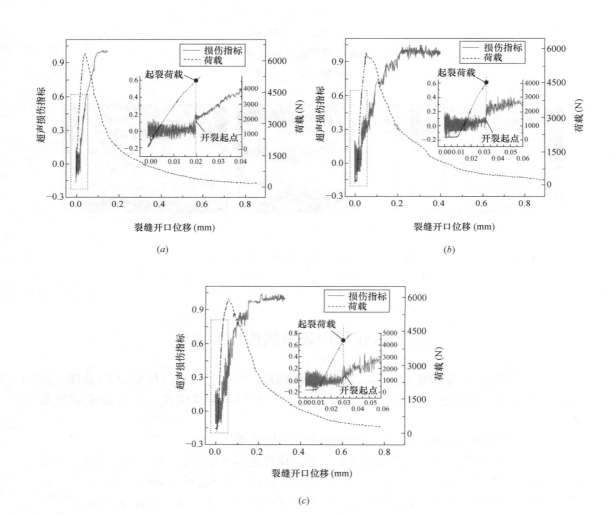

图 4-8  C80 混凝土试件的超声损伤指标与荷载-CMOD 曲线

（a）平行试件 1；（b）平行试件 2；（c）平行试件 3

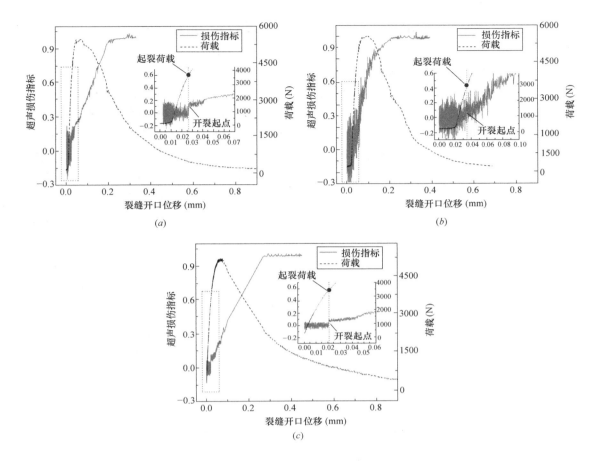

图 4-9　C60 混凝土试件的超声损伤指标与荷载-CMOD 曲线

（a）平行试件 1；（b）平行试件 2；（c）平行试件 3

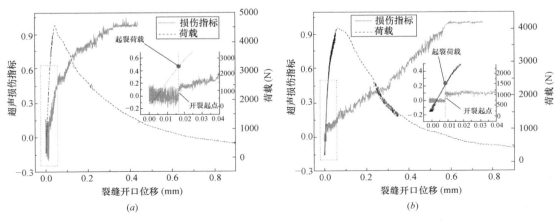

图 4-10　C40 混凝土试件的超声损伤指标与荷载-CMOD 曲线

（a）平行试件 1；（b）平行试件 2

## 4.6　超声法和应变片法对起裂荷载的判断

　　图 4-11～图 4-13 为应变片法测得的不同强度等级混凝土试件荷载-应变曲线。从图中可以看出，混凝土试件未开裂时，位于混凝土缺口尖端两侧的应变线性增加。这是因为当混凝土试件受到荷载作用时，缺口端部发生应力集中，而此时的拉应力尚未超过该处混凝土材料的抗拉强度，所以缺口尖端发生弹性变形。一旦此处的拉应力超过混凝土材料的抗拉强度，缺口尖端处便会产生裂纹，该区域混凝土材料严重受损，不能继续承受荷载，应变能释放，荷载-应变曲线出现回缩现象。此后，应变随荷载的增加而开始降低。混凝土缺口端部断裂区的产生、发展和变化过程如图 4-14 所示，这是 Hillerborg 教授提出虚拟裂缝模型的基础。荷载-应变曲线中与应变拐点相对应的荷载定义为一个测量点的起裂荷载[22,27]。选择多个测量点中的最低起裂荷载值作为带缺口混凝土试件的起裂荷载（$P_{ini}$）。在图 4-11～图 4-13 中，A 点为起裂荷载（$P_{ini}$），而 B 点是最大荷载的峰值（$P_{max}$）。在峰值荷载之后，应变随着荷载的下降而减小。由于该研究的目的是使用应变片技术来获得起裂荷载，因此曲线中的回缩现象是我们密切关注的关键问题。

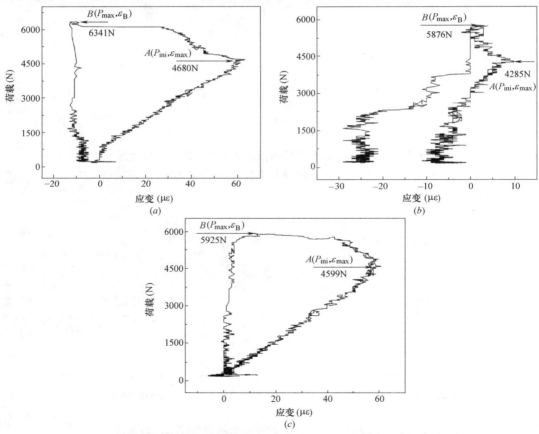

图 4-11　应变片法测得的 C80 混凝土试件荷载-应变曲线

（a）平行试件 1；（b）平行试件 2；（c）平行试件 3

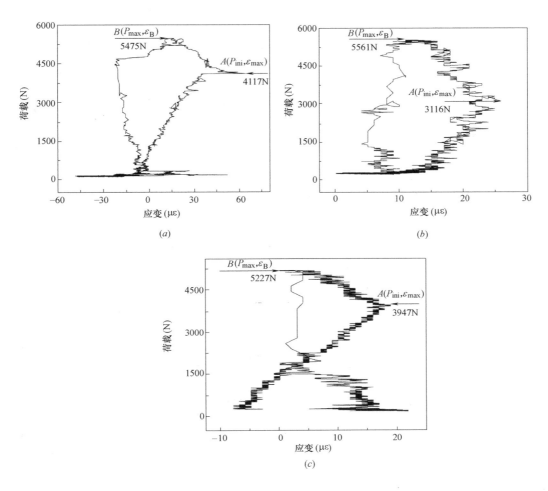

图 4-12  应变片法测得的 C60 混凝土试件荷载-应变曲线

（a）平行试件 1；（b）平行试件 2；（c）平行试件 3

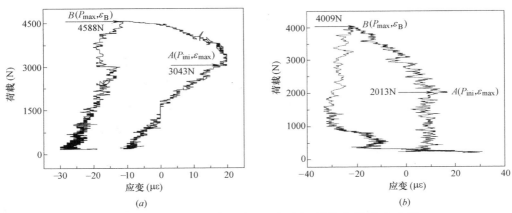

图 4-13  应变片法测得的 C40 混凝土试件荷载-应变曲线

（a）平行试件 1；（b）平行试件 2

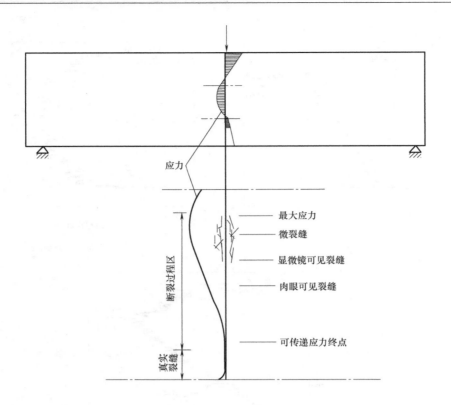

图 4-14　三点弯曲梁虚拟裂缝示意图

　　应变片法和埋入式超声法测得的混凝土试件起裂荷载如表 4-1 所示。两种方法的结果均表明，混凝土强度等级越高，起裂荷载就越大。这是因为水灰比越低，硬化砂浆和粗骨料之间的粘结强度就越大[28]。然而，应变片法测得的起裂荷载均高于埋入式超声法，充分说明混凝土裂缝的产生和发展是由里及外的。当混凝土强度等级越高时，由两种方法获得的初始开裂荷载的差异越小。另外，埋入式超声法比混凝土表面粘贴应变片法能更早地监测到混凝土试件的起裂荷载，能够精准地监测到混凝土内部裂纹的萌发和微裂纹的扩展。所以，埋入式超声法比外贴应变片法对起裂荷载的判断以及对混凝土内部荷载损伤的监测更精准、更灵敏。

　　三点弯曲试验断裂能计算公式如公式（4-2）[29] 所示，其中：$W_0$ 为集中荷载所做的功，即荷载-挠度曲线所包围的面积（N·m）；$mg$ 为带缺口混凝土试件的自重（N）；$\delta_{max}$ 为跨中最大挠度；$h$、$t$ 和 $a$ 分别为缺口混凝土试件的高度、宽度和缺口深度（m）。计算结果如表 4-1 所示。从表中可以看出，混凝土强度等级越高，其断裂能越高，即克服混凝土界面结合所需的能量越高，因此，起裂荷载就越大[24]。Carpinteri 和 Brighenti[25] 也指出，水灰比较高对混凝土的断裂抵抗能力是不利的。

　　从表 4-1 中埋入式超声法测得的起裂荷载与应变片法测得的起裂荷载之比（$F_{超声}/F_{应变片}$）可以看出，两者比值越大，裂纹扩展的时间越短。C80、C60 和 C40 混凝土试件的 $F_{超声}/F_{应变片}$ 范围分别为 91.52%～95.49%、85.70%～87.32% 和 79.23%～80.61%。

很明显，$F_{超声}/F_{应变片}$ 随着混凝土强度等级的提高而增大，表明混凝土内部的裂缝向混凝土表面扩展得更加迅速。这是因为，高强度混凝土受荷载破坏时，裂缝可直接穿过粗骨料，而低强度混凝土受荷载破坏时，裂缝会绕过粗骨料[30]。

$$G_F = \frac{W_0 + mg\delta_{max}}{(h-a)t} \tag{4-2}$$

应变片法和埋入式超声法获得的特征值　　　　表 4-1

| 组别 | 极限荷载(kN) | 断裂能(N/m) | 应变片法测得的起裂荷载(kN) | 埋入式超声法测得的起裂荷载(kN) | 埋入式超声法测得的起裂荷载/应变片法测得的起裂荷载(%) |
|---|---|---|---|---|---|
| C80-1 | 6341 | 270.1 | 4680 | 4469 | 95.49 |
| C80-2 | 5876 | 255.8 | 4285 | 3966 | 92.56 |
| C80-3 | 5925 | 266.7 | 4599 | 4209 | 91.52 |
| C60-1 | 5475 | 233.0 | 4117 | 3595 | 87.32 |
| C60-2 | 5561 | 242.7 | 3116 | 2709 | 86.90 |
| C60-3 | 5227 | 230.4 | 3947 | 3382 | 85.70 |
| C40-1 | 4588 | 205.5 | 3043 | 2453 | 80.61 |
| C40-2 | 4009 | 198.7 | 2003 | 1578 | 79.23 |

# 本章参考文献

[1] Chen G, Mu H, Pommerenke D, Drewniak JL. Damage Detection of Reinforced Concrete Beams with Novel Distributed Crack/Strain Sensors [J]. Structural Health Monitoring. 2004, 3 (3): 225-43.

[2] Badawi M, Soudki K. Control of Corrosion-Induced Damage in Reinforced Concrete Beams Using Carbon Fiber-Reinforced Polymer Laminates [J]. Journal of Composites for Construction. 2005, 9 (2): 195-201.

[3] Beppu M, Miwa K, Itoh M, Katayama M, Ohno T. Damage evaluation of concrete plates by high-velocity impact [J]. International Journal of Impact Engineering. 2008, 35 (12): 1419-26.

[4] Villalba S, Casas JR. Application of optical fiber distributed sensing to health monitoring of concrete structures [J]. Mechanical Systems and Signal Processing. 2013, 39 (1): 441-51.

[5] Mccann DM, Forde MC. Review of NDT methods in the assessment of concrete and masonry structures [J]. Ndt & E International. 2001, 34 (2): 71-84.

[6] Olivier K, Darquennes A, Benboudjema F, Gagné R. Early-Age Self-Healing of Cementitious Materials Containing Ground Granulated Blast-Furnace Slag under Water Curing [J]. Journal of Advanced Concrete Technology. 2016, 14 (11): 717-27.

[7] Pei H, Li Z, Zhang J, Wang Q. Performance investigations of reinforced magnesium phosphate concrete beams under accelerated corrosion conditions by multi techniques [J]. Construction and Building Materials. 2015, 93: 989-94.

［8］　Zhang J，Ma H，Yan W，Li Z. Defect detection and location in switch rails by acoustic emission and Lamb wave analysis: A feasibility study ［J］. Applied Acoustics. 2016，105: 67-74.

［9］　Dumoulin C，Deraemaeker A. Real-time fast ultrasonic monitoring of concrete cracking using embedded piezoelectric transducers ［J］. Smart Materials and Structures. 2017，26 (10): 104006.

［10］　Xu D，Huang S，Qin L，Lu L，Cheng X. Monitoring of cement hydration reaction process based on ultrasonic technique of piezoelectric composite transducer ［J］. Construction & Building Materials. 2012，35 (25): 220-6.

［11］　Kee S-H，Zhu J. Using piezoelectric sensors for ultrasonic pulse velocity measurements in concrete ［J］. Smart Materials and Structures. 2013，22 (11): 115016.

［12］　Dumoulin C，Deraemaeker A. Design optimization of embedded ultrasonic transducers for concrete structures assessment ［J］. Ultrasonics. 2017，79 (Supplement C): 18-33.

［13］　Gu H，Song G，Dhonde H，Mo YL，Yan S. Concrete early-age strength monitoring using embedded piezoelectric transducers ［J］. Smart Materials and Structures. 2006，15 (6): 1837.

［14］　Karaiskos G，Deraemaeker A，Aggelis DG，Hemelrijck DV. Monitoring of concrete structures using the ultrasonic pulse velocity method ［J］. Smart Materials and Structures. 2015，24 (11): 113001.

［15］　Shokouhi P，Zoëga A，Wiggenhauser H，Fischer G. Surface Wave Velocity-Stress Relationship in Uniaxially Loaded Concrete ［J］. ACI Materials Journal. 2012，109 (2): 141-8.

［16］　Zhang S，Ma W，Xiong Y，Ma J，Chen C，Zhang Y，Li Z. Ultrasonic Monitoring of Crack Propagation of Notched Concretes Using Embedded Piezo-electric Transducers ［J］. Journal of Advanced Concrete Technology. 2019，17 (8): 449-61.

［17］　Mirmiran A，Wei Y. Damage assessment of FRP-encased concrete using ultrasonic pulse velocity ［J］. Journal of Engineering Mechanics. 2001，127 (2): 126-35.

［18］　Suaris W，Fernando V. Detection of crack growth in concrete from ultrasonic intensity measurements ［J］. Materials and Structures. 1987，20 (3): 214-20.

［19］　Dumoulin C，Karaiskos G，Sener J，Deraemaeker A. Online monitoring of cracking in concrete structures using embedded piezoelectric transducers ［J］. Smart Materials & Structures. 2014，23 (11): 1-10.

［20］　Du P，Xu D，Huang S，Cheng X. Assessment of corrosion of reinforcing steel bars in concrete using embedded piezoelectric transducers based on ultrasonic wave ［J］. Construction and Building Materials. 2017，151: 925-30.

［21］　Aggelis DG，Shiotani T. Repair evaluation of concrete cracks using surface and through-transmission wave measurements ［J］. Cement and Concrete Composites. 2007，29 (9): 700-11.

［22］　Li X，Dong W，Wu Z，Chang Q. Experimental investigation on double-K fracture parameters for small size specimens of concrete ［J］. Engineering Mechanics. 2010，2 (27): 166-72.

［23］　Chen B，Liu J. Effect of aggregate on the fracture behavior of high strength concrete ［J］. Construction and Building Materials. 2004，18 (8): 585-90.

［24］　Wu K-R，Chen B，Yao W，Zhang D. Effect of coarse aggregate type on mechanical properties of high-performance concrete ［J］. Cement and Concrete Research. 2001，31 (10):

1421-5.

[25] Carpinteri A，Brighenti R. Fracture behaviour of plain and fiber-reinforced concrete with different water content under mixed mode loading [J]. Materials & Design. 2010，31 (4)：2032-42.

[26] Wittmann FH. Crack formation and fracture energy of normal and high strength concrete [J]. Sadhana. 2002，27 (4)：413-23.

[27] Xu S，Reinhardt HW. A simplified method for determining double-K fracture parameters for three-point bending tests [J]. International Journal of Fracture. 2000，104 (2)：181-209.

[28] Beshr H，Almusallam AA，Maslehuddin M. Effect of coarse aggregate quality on the mechanical properties of high strength concrete [J]. Construction and Building Materials. 2003，17 (2)：97-103.

[29] 50 RCF. Determination of the fracture energy of mortar and concrete by means of the three-point bend tests on notched beams [J]. Mater Struct. 1985，18 (106)：285-90.

[30] Yan A，Wu K-R，Zhang D，Yao W. Effect of fracture path on the fracture energy of high-strength concrete [J]. Cement and Concrete Research. 2001，31 (11)：1601-6.

# 第5章 基于声发射的水泥基材料内部损伤监测技术

声发射（Acoustic Emission，简称 AE）是材料或结构在外力或内力的作用下产生变形或损伤的同时，以弹性波的形式释放出部分应变能的一种自然现象。大多数材料变形和断裂时都有声发射产生，如果释放的应变能足够大，就会产生可以听得见的声音。但许多材料的声发射信号强度很弱，人耳不能直接听见，需要借助灵敏的电子仪器才能检测出来。它是材料内部由不稳定的高能态向稳定的低能态过渡的应力松弛过程[1]。声发射信号的产生和传播较为复杂，需要借助于特定的传感器才能检测出来[2-3]。用仪器探测、记录、分析声发射信号和利用声发射信号对声发射源进行定量、定性和定位的技术称为声发射检测技术。该技术是一种非常重要的无源无损检测技术，在应用声发射技术进行无损检/监测时，其目的就是要找出声发射源的位置、了解它的性质、判断它的危险性。目前在混凝土结构的损伤监测中一般使用声发射探头，其多采用压电陶瓷作为压电元件，这种声发射探头通常具有金属或塑料外壳。由于探头与混凝土结构相容性差、耐久性差、易腐蚀，所以这种声发射探头只能外贴于结构表面使用。而粘贴层厚度、环境条件的变化等均会造成较大的干扰信号，影响损伤的精准评估。基于此，李宗津教授团队自制了与混凝土结构相容性良好的 0-3 型埋入式水泥基压电传感器，该传感器与混凝土相容性好，抗干扰能力强，且具有较高的灵敏度和更好的频域性能。基于埋入式水泥基压电传感器阵列，采用 AE 源三维定位方法实现了劈裂荷载和剪切荷载作用下水泥基材料损伤定位。基于小波变换，将原始声发射信号进行时频转换，分析了荷载作用下水泥基材料的时频特征。基于 RA-AF 分析实现了荷载作用下水泥基材料断裂模式的识别。并且利用自主研发的水泥基声发射监测系统实现了钢筋锈蚀过程中的损伤识别、损伤源定位和损伤度评估。

## 5.1 声发射监测技术

### 5.1.1 声发射监测原理

（1）声发射的产生

固体介质中产生局部变形时，不仅产生体积变形，而且产生剪切变形。因此会激起两种波，即纵波（又叫压缩波）和横波（又叫剪切波）[4]。产生这种波的部位就是声发射源。声发射源主要包括晶体中的位错运动、裂纹的形成和扩展、材料的内部摩擦、凝胶体中胶粒的滑移、相变等。就混凝土来说，裂纹的形成和扩展是一种主要的声发射源。混凝土等材料在硬化的过程中，由于干缩或温度变形，内部会形成很多微裂缝。随着应力的增加，这些微裂缝的端部产生应力集中，形成一个弹性及塑性变形区，当裂缝进一步扩展时，原有的应变能释放就会产生声发射。材料的断裂过程大体上可分为微裂纹、裂纹扩展和最终断裂三个阶段。这三个阶段都可以成为强烈的声发射源。当混凝土的强度及弹塑性不同时，或者受力状态和破坏阶段不同时，声发射源的数量和声发射信号的强度、频率等都是不同的，试验可以利用声发射信号对混凝土的损伤程度进行鉴别。

（2）声发射波的传播

纵波和横波从声发射源产生后通过材料介质本身向周围传播，一部分形成折射波返回到材料内部，另一部分则形成表面波（又叫瑞利波），表面波沿着介质的表面传播，并到达传感器，形成声发射信号。所以，传入传感器的声发射信号是这几种波相互干涉后形成的混合信号。与地震波的传播情况一样，首先到达的是纵波，其次到达的是横波，最后到达的是表面波。

（3）声发射波的衰减

衰减就是信号的幅值随着离开声发射源距离的增加而减小。衰减控制了声发射距离的可检测性。因此，对于声发射检验来说它是确定传感器间距的关键因素。引起声发射波衰减的原因有很多种，尤其与决定波幅值的物理参数有关，主要包括几何衰减、色散衰减、散射和衍射衰减以及由能量损耗机制（内摩擦）引起的衰减等。

（4）声发射监测原理

声发射源发出的弹性波以体波的形式经材料介质传播到达声发射接收器，然后转换成表面波，声发射传感器将接收到的瞬态位移转换成电信号，声发射信号再经放大、处理后，形成其特性参数，并被记录与显示，如图 5-1 所示。最后，经综合分析评定出声发射源的特性。一个同样大小、同样性质的缺陷，当它所处的位置和所受的应力状态不同时，结构或材料的损伤程度也不相同，所以它在此状态下的声发射特征也有差别，明确了来自缺陷的声发射信号特征，就可以长期连续地监视缺陷（或损伤）的演化过程，并判断结构是否安全，这是其他无损检测方法难以实现的。

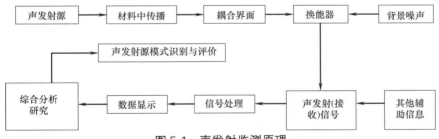

图 5-1　声发射监测原理

## 5.1.2　声发射信号的表征

声发射信号简化波形示意图如图 5-2 所示。表 5-1 列出了常用的声发射信号时间序列参数的含义、特点和用途。其中，最常用的参数有计数、幅度、上升时间和持续时间，这些参数可以被定义为时间参数的函数和随时间变化的函数，如总振铃计数、声发射计数率等。

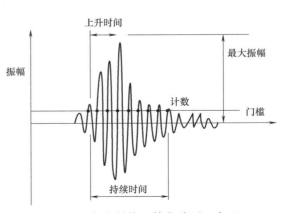

图 5-2　声发射信号简化波形示意图

声发射信号参数 表 5-1

| 参数 | 含义 | 特点和用途 |
|---|---|---|
| 撞击和撞击计数 | 超过门槛并使某一通道获取数据的任何信号称为一个撞击。所测得撞击个数,可分为总计数、计数率 | 反映声发射活动的总量和频度,常用于声发射活动性评价 |
| 事件计数 | 产生声发射的一次材料局部变化称为一个声发射事件,可分为总计数、计数率。一个阵列中,一个或几个撞击对应一个时间 | 反映声发射事件的总量和频度,用于声发射源的活动性和定位集中度评价 |
| 计数 | 越过门槛信号的振荡次数。可分为总计数、计数率 | 信号处理简便,适用于两类信号,又能反映信号强度和频度,因而广泛用于声发射活动性评价,但受门槛大小的影响 |
| 幅度 | 信号波形的最大振幅 | 与事件大小有直接关系,不受门槛的影响,直接决定事件的可测性,常用于声发射源的类型鉴别、强度及衰减的测量 |
| 能量计数 | 信号检波包络线下的面积,可分为总计数、计数率 | 反映事件受到的相对能量或强度。对门槛、工作频率和传播特性不甚敏感,可取代振铃计数,也用于声发射源类型的鉴别 |
| 持续时间 | 信号第一次越过门槛至最终降到门槛所经历的时间间隔 | 与振铃计数十分相似,但常用于特殊声发射源类型和噪声鉴别 |
| 上升时间 | 信号第一次越过门槛至最大振幅所经历的时间间隔 | 受传播的影响,其物理意义变得不明确,有时用于机电噪声鉴别 |
| 有效电压 | 采样时间内,信号的均方根值 | 与声发射的大小有关,测量简便,不受门槛的影响,适用于连续型声发射活动评价 |
| 平均信号电平 | 采集时间内,信号电平的均值 | 提供的信号和用途与有效电压相似,对幅度动态范围要求高而时间分辨率要求不高的连续型号,也可用于背景噪声水平的测量 |
| 到达时间 | 一个声发射波到达声发射传感器的时间 | 决定了声发射源的位置、传感器间距和传播速度,用于声发射源的位置计算 |
| 外变量 | 试验过程中外加变量,包括时间、荷载、位移、温度及疲劳周次等 | 不属于声发射信号参数,但属于声发射信号参数的数据集,用于声发射活动性分析 |

目前,声发射信号分析技术主要分为三类:(1)信号参数分析法,通过对声发射信号参数(如幅度、计数率、能量、上升时间等)的统计简单地反映材料内部损伤特性,信号参数分析法又可以分为声发射信号单参数分析方法、信号参数经历分析方法和信号参数关联分析方法。(2)声源定位,通过多个传感器的同步实时监测,根据波速和到达不同传感器的时差计算声发射源的位置。(3)信号特征的研究,由于声发射信号包含了丰富的时频信息和频谱信息,所以很多学者着力于材料声发射信号动态特征的研究。

## 5.1.3 声发射源定位方法

声发射定位技术,需要多个声发射探头采集的声发射信号来解算定位,这就需要多通道声发射仪来实现，而对于连续信号和突发信号采用的声发射定位技术也不相同，图 5-3 给出了目前常用的声发射源定位方法分类。其中，时差定位是最常用的声发射定位技术，是根据各个声发射通道信号到达的时间差、声速、探头间距等参数的测量及复杂的运算，来确定声发射源的坐标和位置。

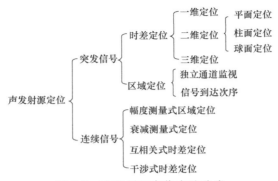

图 5-3　声发射源定位方法分类

图 5-4 为一组典型的 AE 信号。图中四个单独的信号代表四个通道。每个信号由位于特定位置的换能器获得。从图中可以看出，由于从换能器到 AE 源的距离不同，所以不同通道所采集到的信号首次到达时间是不同的。这些首次到达时间的差异为定位 AE 源提供了基础。

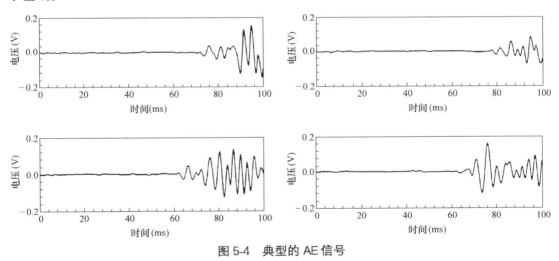

图 5-4　典型的 AE 信号

对于二维情况，从声发射换能器 1 到 AE 源的距离和从声发射换能器 $i$ 到 AE 源的距离误差如公式（5-1）所示。

$$e_{1i}=\sqrt{(x-x_1)^2+(y-y_1)^2}-\sqrt{(x-x_i)^2+(y-y_i)^2}-\Delta t_{1i}C \tag{5-1}$$

式中　　　　　$x$、$y$——要确定的 AE 源的坐标；

$x_1(x_i)$、$y_1(y_i)$——声发射换能器的坐标；

$\Delta t_{1i}$——声发射换能器 1 和 $i$ 之间的到达时间差（$i = 2$，$3$，$\cdots$，$n$）；

$C$——波速。

为了使测量误差最小化，对公式（5-1）进行如下处理：

$$e = \sum_{i=2}^{n} (e_{1i})^2 = \sum_{i=2}^{n} (d_1 - d_i - \Delta t_{1i}C)^2 \tag{5-2}$$

$$d_1 = \sqrt{(x-x_1)^2 + (y-y_1)^2} \tag{5-3}$$

$$d_i = \sqrt{(x-x_i)^2 + (y-y_i)^2} \tag{5-4}$$

$$f_1(x,y,C) = \frac{\partial e}{\partial x} = 2\sum_{i=2}^{n} \left( \frac{x-x_1}{d_1} - \frac{x-x_i}{d_i} \right)(d_1 - d_i - \Delta t_{1i}C) \tag{5-5}$$

$$f_2(x,y,C) = \frac{\partial e}{\partial y} = 2\sum_{i=2}^{n} \left( \frac{y-y_1}{d_1} - \frac{y-y_i}{d_i} \right)(d_1 - d_i - \Delta t_{1i}C) \tag{5-6}$$

如果已知波速，则令 $f_1(x, y, C)$ 和 $f_2(x, y, C)$ 等于零，通过数值方法即可求解 $x$ 和 $y$ 的值。此外，如果波速未知，引入方程（5-7），通过求解方程（5-5）～方程（5-7）即可求得波速，实现 AE 源定位。

$$f_3(x,y,C) = \frac{\partial e}{\partial C} = 2\sum_{i=2}^{n} \Delta t_{1i}(\Delta t_{1i}C + d_i - d_1) \tag{5-7}$$

如果将上述方法扩展到三维情况，公式（5-1）变为公式（5-8）：

$$e_{1i} = \sqrt{(x-x_1)^2 + (y-y_1)^2 + (z-z_1)^2} - \sqrt{(x-x_i)^2 + (y-y_i)^2 + (z-z_i)^2} - \Delta t_{1i}C \tag{5-8}$$

三维情形的误差平方和将采用与公式（5-2）相同的表达式。但是，$d_1$ 和 $d_i$ 的表达式如公式（5-9）和公式（5-10）所示。

$$d_1 = \sqrt{(x-x_1)^2 + (y-y_1)^2 + (z-z_1)^2} \tag{5-9}$$

$$d_i = \sqrt{(x-x_i)^2 + (y-y_i)^2 + (z-z_i)^2} \tag{5-10}$$

相应的 $x$、$y$、$z$ 和 $C$ 分量如公式（5-11）～公式（5-14）所示。

$$f_x(x,y,z,C) = \frac{\partial e}{\partial x} = 2\sum_{i=2}^{n} \left( \frac{x-x_1}{d_1} - \frac{x-x_i}{d_i} \right)(d_1 - d_i - \Delta t_{1i}C) \tag{5-11}$$

$$f_y(x,y,z,C) = \frac{\partial e}{\partial y} = 2\sum_{i=2}^{n} \left( \frac{y-y_1}{d_1} - \frac{y-y_i}{d_i} \right)(d_1 - d_i - \Delta t_{1i}C) \tag{5-12}$$

$$f_z(x,y,z,C) = \frac{\partial e}{\partial z} = 2\sum_{i=2}^{n} \left( \frac{z-z_1}{d_1} - \frac{z-z_i}{d_i} \right)(d_1 - d_i - \Delta t_{1i}C) \tag{5-13}$$

$$f_C(x,y,z,C) = \frac{\partial e}{\partial C} = 2\sum_{i=2}^{n} \Delta t_{1i}(\Delta t_{1i}C + d_i - d_1) \tag{5-14}$$

令上述四个等式等于零，通过求解方程组即可得到 AE 源位置 $x$、$y$ 和 $z$ 的坐标，以及相应的波速 $C$。

## 5.2　0-3 型水泥基压电传感器制备

压电复合材料是指由压电相材料与非压电相材料按照一定的连通方式组合在一起而构成的一种具有压电效应的材料[5]。其连通性是指每相材料在空间分布上的自我相连方式，决定着压电复合材料的电场通路和应力分布形式[6]。常见的压电复合材料类型包括 0-3型、1-3型和 2-2型。其中，0-3型压电复合材料具有结构简单、成分可控、灵敏度高、频响范围宽、柔性好以及制作成本低的特点。李宗津等的[7-8] 研究表明，通过调节 PZT 压电陶瓷材料和波特兰水泥的混合比例，其声阻抗值可接近混凝土基质的声阻抗值，从而产生宽广而平坦的频域响应，提高灵敏度。路有源[9] 制备的 0-3型压电复合材料是用白水泥为基体，将压电陶瓷颗粒均匀地分散在三维连通的水泥浆基体中而成。0-3型水泥基压电传感器制备过程如下：

（1）PZT 压电陶瓷研磨：首先将 PZT 压电陶瓷用球磨机研磨至目标细度[10]。

（2）混料：将筛选过的 PZT 压电陶瓷粉和白水泥按照 80：20 的比例混合均匀。

（3）成型：用 MTS 万能试验机压制成直径为 14mm、厚度为 2mm 的圆片，成型压力为 97.5MPa。

（4）养护：脱模后，将压制成的水泥基压电复合材料圆片放入湿度为 100%、温度为 27℃的标准养护室中养护 7d。

（5）抛光：将养护好的样品用砂纸进行抛光，直至两个侧面平整、光滑。

（6）屏蔽层涂装：为了屏蔽外界杂波信号，提高其信噪比，在样品表面涂抹一层屏蔽层。将抛光后的样品先用蒸馏水清洗，再用丙酮洗干净、晾干。然后将环氧树脂、水泥和银按照 1.5：1：5 的质量比混合均匀，并均匀涂抹在样品表面。

（7）极化：在 80℃的硅油中极化 20min，极化电压为 8kV/mm。

（8）导线连接：采用屏蔽线作为连接导线，在屏蔽线的另一端采用 BNC 接口，便于将水泥基压电声发射传感器连接到数据采集设备。

制备好的 0-3型水泥基压电传感器如图 5-5 所示，其性能参数如表 5-2 所示。从表中可以看出，所制备的 0-3型水泥基压电传感器的声阻抗远小于压电陶瓷的声阻抗（$30.0 \times 10^6 \mathrm{kg/(m^2 \cdot s)}$），大于水泥浆体的声阻抗（$5.0 \times 10^6 \mathrm{kg/(m^2 \cdot s)}$），与素混凝土的声阻抗相近（$8.6 \times 10^6 \mathrm{kg/(m^2 \cdot s)}$），降低了信号失真率，提高了信号传递效率。

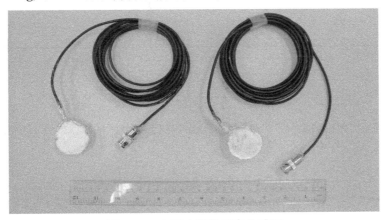

图 5-5　0-3型水泥基压电传感器

**0-3型水泥基压电传感器性能参数**　　　　　　　　　　　　　　表 5-2

| 压电应变常数 $d_{33}$ ($\times 10^{-12} C/N$) | 机械品质因数 $Q_m$ | 机电耦合系数 $k_t$ | 声阻抗 [$\times 10^6 \mathrm{kg/(m^2 \cdot s)}$] |
|---|---|---|---|
| 75 | 17.4 | 0.15 | ≈10 |

传感器制备好之后，用铅笔断铅来模拟混凝土材料的变形和断裂产生的声发射信号，检查其对信号源的响应程度，结果如图 5-6 所示。从图中可以看出，0-3 型水泥基压电传感器灵敏度高，频响范围宽。

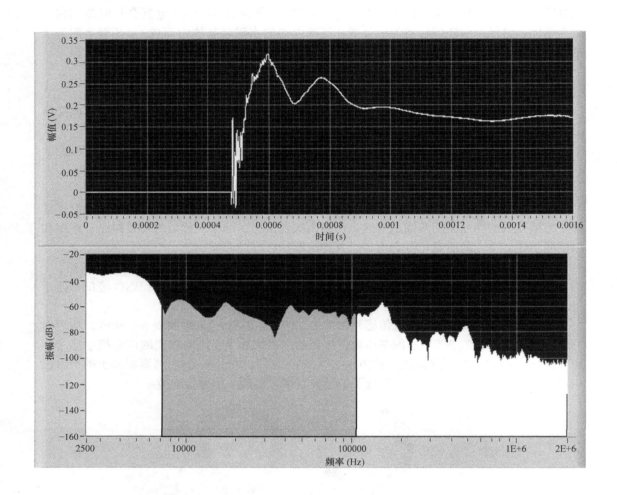

图 5-6　断铅试验引起的 0-3 型水泥基压电传感器信号的时域与频域特征

## 5.3　声发射监测系统

试验中采用的声发射监测系统为 8 通道 DEcLIN 声发射监测系统，能够自动记录每个通道的声发射信号，如图 5-7 所示。前置放大器可以放大 AE 换能器接收到的信号，并充当过滤器，该系统可设置 40dB 和 60dB 两种放大增益。系统软件包括数据采集和数据后处理两部分，如图 5-8 所示。系统最大采样频率为 10MHz。数据采集门槛电压设置为 0.01V，以过滤环境噪声。

图 5-7 DEcLIN 声发射监测系统

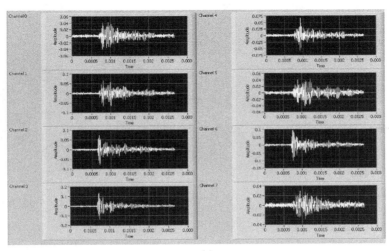

(a)

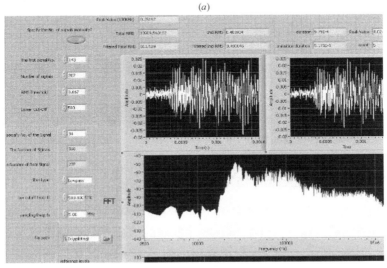

(b)

图 5-8 DEcLIN 声发射监测系统软件

（a）数据采集；（b）数据后处理

## 5.4　裂荷载作用下水泥基材料内部损伤定位

### 5.4.1　试验方案

（1）声发射传感器布置与水泥基材料制备

试件为 300mm×300mm×300mm 的立方体。劈裂试验声发射传感器布置见图 5-9。传感器布置好之后，向模具中浇筑水泥砂浆（水泥：水：砂＝1：0.5：1.8），24h 后拆模，并移入混凝土养护室养护至 28d。

（2）试验方案

劈裂试验如图 5-10 所示。加载试验和声发射试验同步进行，加载系统为 MTS 万能试验机，加载系统自动记录劈裂荷载。同时，在试件前后安装两个量程为 10mm 的 LVDT，以测量试件中心的水平位移。

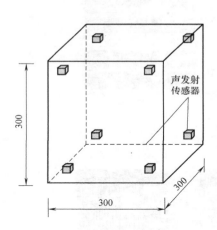

图 5-9　劈裂试验声发射传感器布置图

图 5-10　劈裂试验

### 5.4.2　声发射信号演变与三维损伤定位

劈裂试验中的荷载-时间曲线与事件数-时间曲线及事件计数率-时间曲线如图 5-11 和图 5-12 所示。根据加载过程中事件数和事件计数率的演变规律，可将劈裂试验中试件损伤破坏过程划分为四个阶段。24％极限荷载以前为 A 阶段，随着荷载的增加，声发射事件数增加，但声发射信号增加速率非常低，试件处于裂缝产生阶段。当荷载在 24％～85％极限荷载范围时（B 阶段），随着荷载的增加，声发射事件数进一步增加，而且增加速度逐渐变快，试件内部声发射事件明显开始向试件中部区域集中［见图 5-13（a）］，说明此处出现了明显的应力集中现象，试件内部已经产生了初始裂纹，且稳定扩展。当荷载达到极限荷载的85%时，声发射事件数明显增加，并沿着未来主破裂面快速扩展［见图5-13(b)］。从加载试件表面可以看出，之前出现的细小裂纹开始不断延伸，在荷载达到极限荷载时裂纹贯通。最终在声发射事件集中区域出现明显的贯通裂纹。声发射事件三维定位结果直观地反映了测试试件内部初始裂纹萌

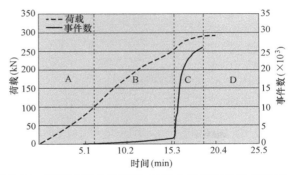

图 5-11 劈裂试验中的荷载-时间曲线与事件数-时间曲线

生、扩展、贯通的三维空间演化过程。而且声发射定位结果与实际破裂情况吻合较好，能够很好地反映试件的实际破裂过程。劈裂试验中，测试试件破裂面凹凸不平、无擦痕和细小粉末，是一种典型的张拉破坏面，表明测试试件主要由张拉破裂造成。对应的声发射信号为张拉型声发射信号，是一种非稳态、随机性、多模态的信号。

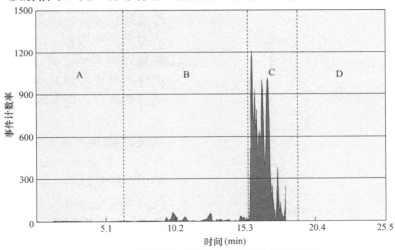

图 5-12 劈裂试验中的事件计数率-时间曲线

### 5.4.3 断裂能量指数演变

劈裂试验中的断裂能量指数-时间曲线如图5-14所示。很明显，断裂能量指数随时间的变化规律与图5-12中事件计数率随时间的变化规律类似。当荷载小于极限荷载的85%时，释放的断裂能量非常小，可忽略不计。一旦超过极限荷载的85%，瞬间释放出大量断裂能量，与事件计数率同时达到峰值。加载到16min时，所释放的断裂能量占总断裂能量的71%，表现出明显的脆性破坏特征。

### 5.4.4 声发射信号时频分析

声发射信号大都是非平稳的，由一些重叠的暂态信号组成。传统的信号处理方法是采用频谱分析技术，通过傅里叶变换把时域信号映射到频域，并加以分析。这种方法适用于

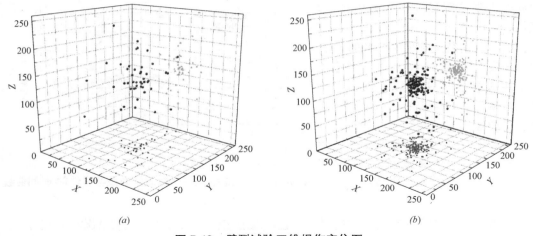

图 5-13 劈裂试验三维损伤定位图

(a) B 阶段；(b) C 阶段

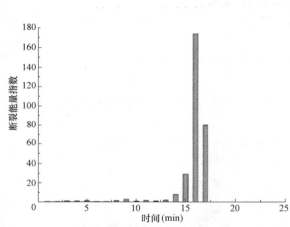

图 5-14 劈裂试验中的断裂能量指数-时间曲线

平稳的声发射信号处理。对于瞬时、非线性、非平稳的声发射信号处理具有很大的局限性。而时频分析能够很好地处理非平稳的声发射信号，可以同时在时域和频域内表征声发射信号的局部特征，适合对时变声发射信号进行局部分析。时频分析方法主要包括短时傅里叶变换、Wigner-Ville 分布、小波变换、Hilbert-Huang 变换等。小波变换是一种窗函数宽度可以随频率变化的时频分析方法。利用小波变换把声发射信号分解到不同的频率通道，可以在不同的频带上分析声发射信号中不同频率成分的特征。在低频部分具有较低的时间分辨率和较高的频率分辨率，在高频部分具有较高的时间分辨率和较低的频率分辨率。小波变换具有良好的时域和频域局部分析特性，对于分析声发射信号的时频特性、特征提取、噪声去除、信号分类等方面具有时域分析和频域分析所不能媲美的效果。

以劈裂试验中采集到的一段裂纹声发射信号（采样时间为 0.6144ms，3072 个采样点）为例，对其进行小波变换，得到时频分布图，如图 5-15 所示。从时频分布图可以看出，该段信号从 750 点之后出现波动，表明此时采集到了声发射信号。此时监测到了 75～332kHz 频带的高频信号，随后监测到了 39～107kHz 频带的低频信号，信号的主要频段在时间上是非线性的，而且高频信号的持续时间比低频信号的持续时间短。高频信号和低频信号的重叠信号带为 75～107kHz。研究表明，声发射信号中的 S 波（横波）传播速度低于 P 波（纵波），由此可以判断所监测到的高频信号为 P 波信号，低频信号为 S 波信号。根据声源距离和首波到达时间差，求得 S 波速度为 P 波速度的 60%，这与以往研究成果相同。

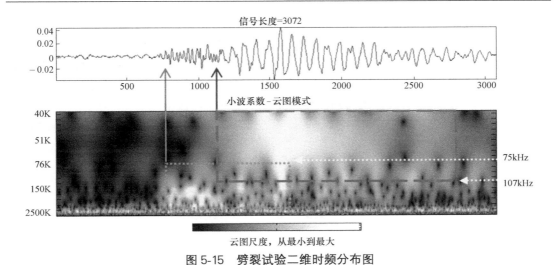

图 5-15 劈裂试验二维时频分布图

## 5.4.5 基于 *AF-RA* 分析的断裂模式识别

材料在荷载作用下通常会出现拉伸破坏和剪切破坏两种模式，对应的产生拉伸裂缝和剪切裂缝。研究表明，*AF* 和 *RA* 之间的关系对材料不同的断裂模式很敏感[11-13]，因此可以通过 *AF* 和 *RA* 定性确定材料的断裂模式，如图 5-16 和图 5-17 所示[14]。从图中可以看出，高 *AF* 值、低 *RA* 值情况下会出现拉伸裂缝，低 *AF* 值、高 *RA* 值情况下会出现剪切裂缝。

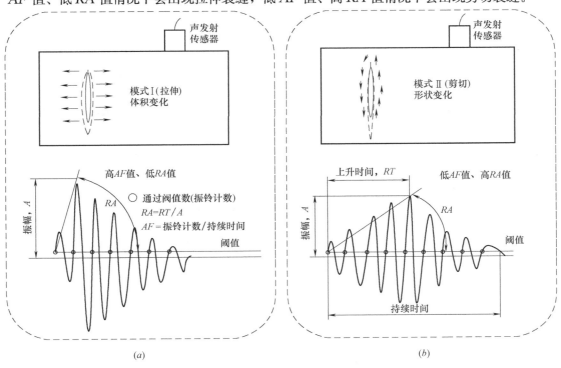

图 5-16 典型断裂模式及相应的声发射波形参数
（*a*）拉伸裂缝；（*b*）剪切裂缝

$$AF＝振铃计数/持续时间 \tag{5-15}$$

$$RA＝上升时间/振幅 \tag{5-16}$$

图 5-18 为劈裂试验 $AF$-$RA$ 分布图。从图中可以看出，劈裂加载过程中，剪切裂缝和拉伸裂缝同时存在，然而，拉伸裂缝的数据点数占比远超过剪切裂缝的数据点数占比。所以，劈裂荷载作用下，水泥基材料的拉伸断裂模式占主导地位。

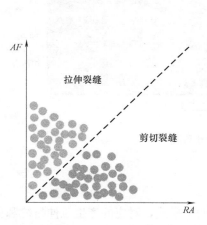

图 5-17　基于 $AF$ 和 $RA$ 的典型裂缝分类　　　　图 5-18　劈裂试验 $AF$-$RA$ 分布图

## 5.5　剪切荷载作用下水泥基材料内部损伤定位

### 5.5.1　试验方案

（1）声发射传感器布置与水泥基材料制备

试件为 $250\text{mm} \times 200\text{mm} \times 200\text{mm}$ 的棱柱体，在其上下表面预制两条裂缝，裂缝距离 $C$ 面 50mm。剪切试验声发射传感器布置见图 5-19。传感器布置好之后，向模具中浇筑水泥砂浆（水泥：水：砂=1：0.5：1.8），24h 后拆模，并移入混凝土养护室养护至 28d。

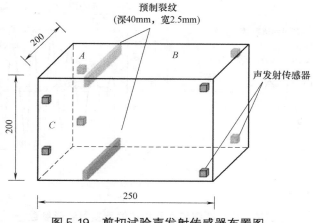

图 5-19　剪切试验声发射传感器布置图

（2）试验方案

剪切试验如图 5-20 所示。加载试验和声发射试验同步进行，加载系统为 MTS 万能试验机，加载系统自动记录剪切荷载。同时，在试件前后安装两个量程为 10mm 的 LVDT，以测量试件中心的水平位移。

图 5-20　剪切试验

## 5.5.2　声发射信号演变与三维损伤定位

剪切试验中的荷载-时间曲线与事件数-时间曲线及事件计数率-时间曲线如图 5-21 和图 5-22 所示。根据加载过程中事件数和事件计数率的演变规律，可将剪切试验中试件损伤破坏过程划分为四个阶段。38％极限荷载以前为 A 阶段，随着荷载的增加，声发射事件数增加，但声发射信号增加速率非常低，试件处于裂缝产生阶段。当荷载在 38％～88.2％极限荷载范围时（B 阶段），随着荷载的增加，声发射事件数进一步增加，而且增加速度逐渐变快，试件内部声发射源散布在靠近凹口区域的顶部和底部之间［见图 5-23（a）］，说明此处出现了明显的应力集中现象，试件内部已经产生了初始裂纹。当荷载达到极限荷载的 88.2％时，声发射事件数明显增加，并沿着未来主破裂面快速扩展［见图 5-23（b）］。当荷载超过极限荷载时，仍能监测到声发射信号。此时，声发射信号主要来源于裂缝表面的摩擦。从加载试件表面可以看出，从试件顶部凹口的尖端向试件底面迅速出现明显的弯曲裂缝。可见，声发射事件三维定位结果直观地反映了测试试件内部初始裂纹萌生、扩展、贯通的三维空间演化过程。而且声发射定位结果与实际破裂情况吻合较好，能够很好地反映试件的实际破裂过程。剪切试验中，试件被剪切成两半，破裂面较光滑，有明显可见的擦痕和大量的细小粉末，是一种典型的剪切破裂面，表明岩样的破坏主要由剪切破裂造成。对应的声发射信号为剪切型声发射信号，是一种非稳态、随机性、多模态的信号。

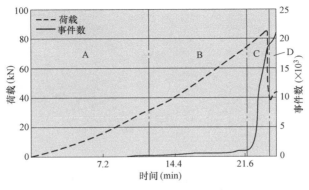

图 5-21　剪切试验中的荷载-时间曲线与事件数-时间曲线

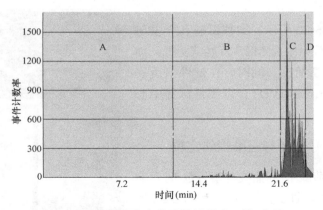

图 5-22　剪切试验中的事件计数率-时间曲线

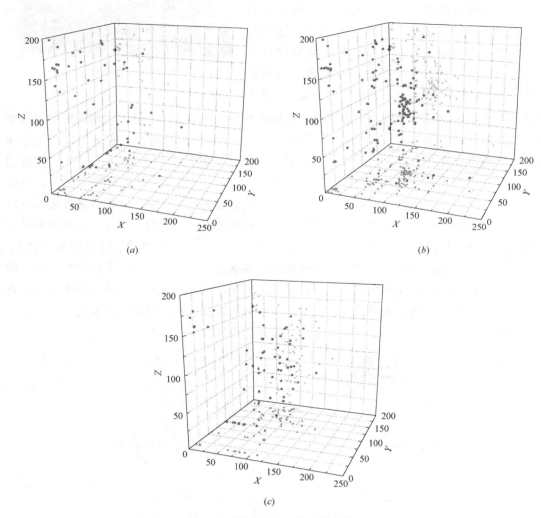

图 5-23　剪切试验三维损伤定位图

（a）B 阶段；（b）C 阶段；（c）D 阶段

### 5.5.3　断裂能量指数演变

剪切试验中的断裂能量指数-时间曲线如图 5-24 所示。很明显，断裂能量指数随时间的变化规律与图 5-22 中事件计数率随时间的变化规律类似。当荷载小于极限荷载的 88.2% 时，释放的断裂能量非常小，可忽略不计。一旦超过极限荷载的 88.2%，瞬间释放出大量断裂能量，与事件计数率同时达到峰值。加载到 22min 时，所释放的断裂能量占总断裂能量的 72%，表现出明显的脆性破坏特征。

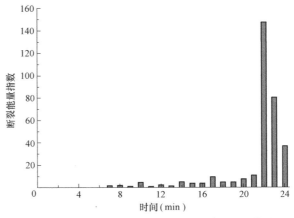

图 5-24　剪切试验中的断裂能量指数-时间曲线

### 5.5.4　声发射信号时频分析

以剪切试验中采集到的一段裂纹声发射信号（采样时间为 0.6144ms，3072 个采样点）为例，对其进行小波变换，得到时频分布图，如图 5-25 所示。从时频分布图可以看出，该段信号从 1100 点之后出现波动，表明此时采集到了声发射信号。并且监测到了与劈裂荷载作用下相同频带的高频信号和低频信号。表明这两个频段的声发射信号与加载过程和断裂模式无关。

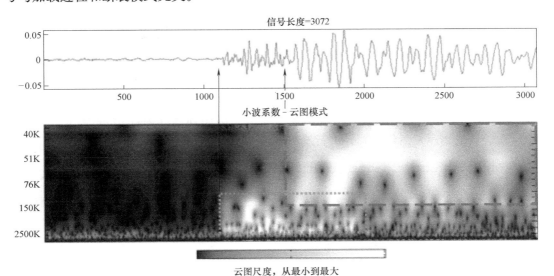

图 5-25　剪切试验二维时频分布图

### 5.5.5　基于 *AF-RA* 分析的断裂模式识别

图 5-26 为剪切试验 *AF-RA* 分布图。从图中可以看出，当荷载水平较低时，拉伸裂缝和剪切裂缝同时存在，而且拉伸裂缝的数据点数占比与剪切裂缝的数据点数占比基本一

样。当剪切荷载超过极限荷载的 88.2％时，拉伸裂缝占主导地位。与图 5-18 对比分析可以明显地看出，劈裂荷载与剪切荷载作用下水泥基材料的断裂模式截然不同。

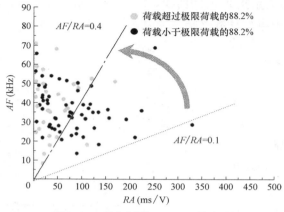

图 5-26　剪切试验 *AF-RA* 分布图

## 5.6　混凝土中钢筋锈蚀损伤劣化识别

### 5.6.1　试验方案

成型截面尺寸均为 $b \times h = 100\text{mm} \times 180\text{mm}$，总长 2000mm，保护层厚度为 30mm 的钢筋混凝土梁。钢筋混凝土梁配筋示意图如图 5-27 所示（受拉主筋采用 2Φ16 的 HRB335 级螺纹钢筋，架立筋采用 1Φ16 的 HRB335 级钢筋，箍筋采用 HPB235 级钢筋）。混凝土配合比为水泥∶粉煤灰∶水∶砂∶石子＝0.7∶0.3∶0.4∶1.3∶1.7。浇筑混凝土之前，在梁的对称位置安装两个埋入式水泥基声发射传感器。应力组用于弯曲荷载和氯盐耦合作用下钢筋锈蚀研究，如图 5-28 所示；对照组用于氯盐侵蚀作用下钢筋锈蚀研究，如图 5-29 所示。应力组加载到 40％极限弯矩。氯盐干湿循环制度为：3d 润湿和 4d 干燥。试验过程中，采集声发射信号，并进行滤波处理。

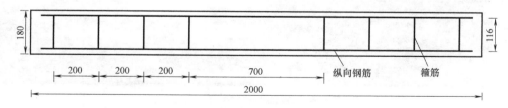

图 5-27　钢筋混凝土梁配筋示意图

### 5.6.2　损伤源定位

对照组由于不受外荷载作用，混凝土保护层结构完好，NaCl 溶液很难侵入到钢筋位置处引起钢筋锈蚀。7 个干湿循环后，对照组仅测到为数不多的声发射信号。应力组在 40％极限弯矩作用下，在纯弯段产生了 4 条可见的主裂缝及一些次生微裂纹。这些裂缝为氯离子侵入钢筋混凝土梁内部提供了便利的通道，随着混凝土内部钢筋位置处氯离子浓度的提高，钢筋开始锈蚀。7个干湿循环后，应力组累积监测到538个声发射信号。采用一维声发射定位方法定位损伤源位置，如图5-30所示。从图中可以看出，声发射源集中在钢筋混凝土梁纯弯段，与实际损伤部位相符。

图 5-28 弯曲荷载和氯盐耦合作用下
钢筋锈蚀研究（应力组）

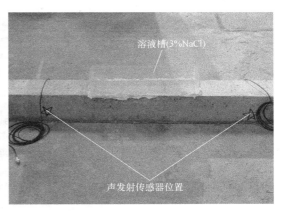

图 5-29 氯盐侵蚀作用下钢筋
锈蚀研究（对照组）

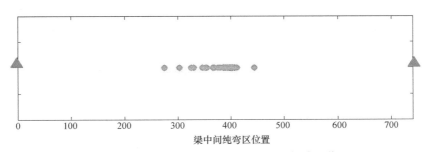

图 5-30 应力组损伤源定位（三角代表传感器位置）

## 5.6.3 声发射信号时频分析

研究结果显示，对照组钢筋混凝土梁几乎没有监测到声发射信号，应力组钢筋混凝土梁监测到的声发射事件数随着干湿循环次数的增加而增多。这表明，随着干湿循环次数的增加，钢筋混凝土梁内部的损伤逐步增大。这是因为，随着腐蚀龄期的增加，钢筋位置处的氯离子浓度增大。当钢筋位置处的氯离子浓度大于临界氯离子浓度时，钢筋表面的钝化膜就会破坏，发生钢筋锈蚀，钢筋有效截面积变小。由于锈蚀产物的体积大于钢筋基体的体积，随着锈蚀产物的增多，锈胀应力逐步增大。当锈胀应力大于周围混凝土抗拉强度时，就会引起混凝土开裂，降低钢筋混凝土的刚度。声发射信号平均频率随干湿循环次数的演化规律如图5-31所示。很明显，随着损伤的增加，所监测到的声发射信号逐渐向低频漂移。根据频率演变特征，将其分为三个劣化阶段。

图5-32为对照组与应力组监测到的典型声发射信号。从图中可以看出，随着损伤的累积，声发射信号的持续时间延长，幅值变大。

基于连续小波变换，得到图5-32对应的时频分布图，如图5-33所示。在钢筋锈蚀初

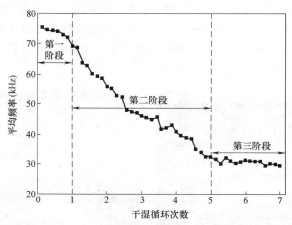

图 5-31　声发射信号平均频率随干湿循环次数的演化规律

期,由于混凝土初始刚度大,锈蚀产生的声发射信号集中在 140kHz 左右,信号具有高频、高能量集中的特点。但随着锈蚀的积累,混凝土刚度降低,引起声发射信号向低频漂移的特征,最终高频信号被低频的混凝土开裂信号淹没,而且声发射信号具有持续时间更长、能量分布更均匀的特点。

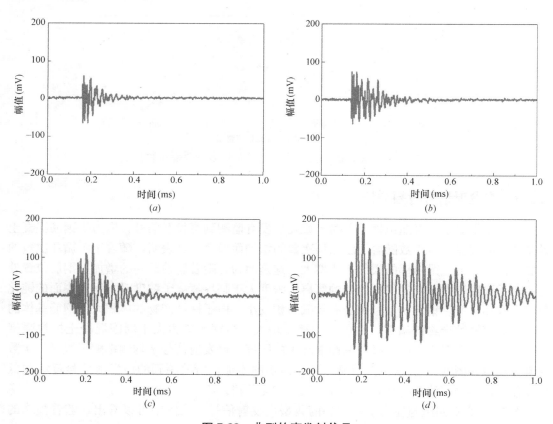

图 5-32　典型的声发射信号

(a) 对照组；(b) 应力组第一阶段；(c) 应力组第二阶段；(d) 应力组第三阶段

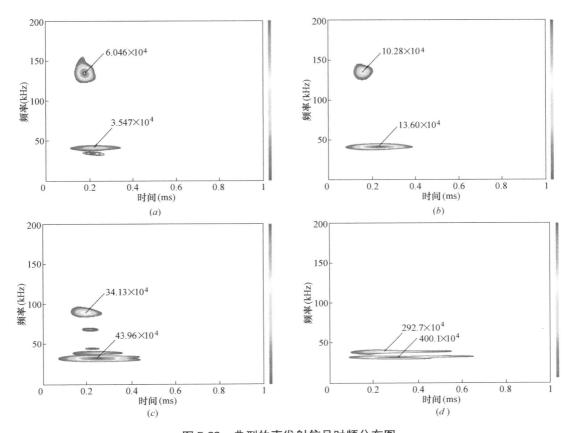

**图 5-33　典型的声发射信号时频分布图**

（*a*）对照组；（*b*）应力组第一阶段；（*c*）应力组第二阶段；（*d*）应力组第三阶段

### 5.6.4　声发射信号频熵曲线

为了定量描述钢筋混凝土在应力-氯盐耦合作用下的损伤演化规律，对小波信号进行信号熵变换：

$$WP_a = \sum_{b=1}^{N} |W_x(a,b)|^2 \tag{5-17}$$

$$P_{a,b} = |W_x(a,b)|^2 / WP_a \tag{5-18}$$

$$E_a = -\sum_{b=1}^{N} P_{a,b} \cdot \log_2 P_{a,b} \tag{5-19}$$

式中　$W(a,b)$——小波系数；

　　　　$E_a$——信号熵；

　　$WP_a$、$P_{a,b}$——计算变量。

信号熵描述了信号能量的相对分布规律，瞬时的高能信号对应较小的熵值；而稳定均匀分布的信号能量对应较大的熵值。从理论上讲，在信号的传播过程中，其能量的绝对值会衰减，但其熵值是恒定的。因此，对图 5-33 的时频分布图进行信号熵变换，计算结果如图 5-34 所示。结果表明：随着锈蚀程度的增加，信号熵的最小值表现出熵增和频漂的

65

特点。熵增说明声发射的高频信号特征越来越弱；频漂表明随着钢筋锈蚀产物积累，混凝土刚度降低。

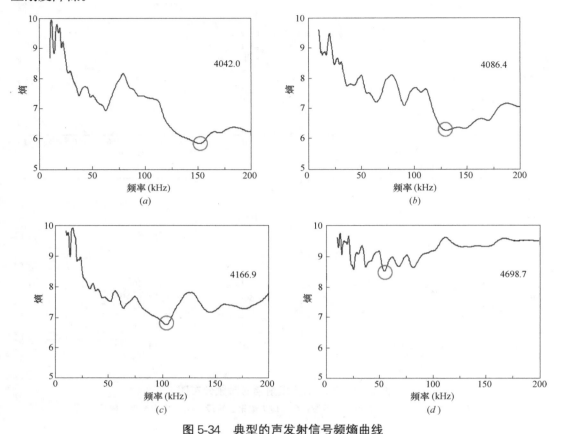

图 5-34　典型的声发射信号频熵曲线

（a）对照组；（b）应力组第一阶段；（c）应力组第二阶段；（d）应力组第三阶段

# 本章参考文献

[1]　纪洪广. 混凝土材料声发射性能研究与应用 [M]. 煤炭工业出版社，2004.

[2]　王岩，王瑶，姚金鑫等. 混凝土轴拉损伤声发射特性研究综述 [J]. 水利水电技术，2012，21（5）：55—61.

[3]　李冬生，匡亚川，胡倩. 白愈合混凝土损伤演化声发射监测及其评价技术 [J]. 大连理工大学学学报，2012，12（2）：24-30.

[4]　秦四清，李造鼎，张倬元，等. 岩石声发射技术概论 [J]. 成都：西南交通大学出版，1993.

[5]　李邓化，居伟骏，贾美娟等. 新型压电复合换能器及其应用 [M]. 科学出版社，2007.

[6]　Hauke T，Steinhausen R，Seifert W，et al. Modeling of poling behavior of ferroelectric 1-3 composites [J]. Journal of Applied Physics，2001，89（9）：5040-5047.

[7]　Li Z，Zhang D，Wu K. Cement-Based 0-3 Piezoelectric Composites [J]. Journal of the American Ceramic Society，2002，85（2）：305-313.

[8]　Zhang J. The Smart Traffic Monitoring System Using Cement-based Piezoelectric Transducers

〔D〕. Hong Kong University of Science and Technology，2013.

〔9〕　Lu Y. Non-destructive Evaluation on Concrete Materials and Structures using Cement-based Piezoelectric Sensor〔M〕. Hong Kong University of Science and Technology（Hong Kong），2010.

〔10〕　Shen B，Yang X，Li Z. A Cement-based Piezoelectric Sensor for Civil Engineering〔J〕. Materials and Structures，2006，9：37-42.

〔11〕　Aggelis D G，Kordatos E Z，Matikas T E. Acoustic emission for fatigue damage characterization in metal plates〔J〕. Mechanics Research Communications，2011，38（2）：106-110.

〔12〕　Nor N M，Ibrahim A，Bunnori N M，et al. Acoustic emission signal for fatigue crack classification on reinforced concrete beam〔J〕. Construction and Building Materials，2013，49：583-590.

〔13〕　Prem P R，Murthy A R. Acoustic emission monitoring of reinforced concrete beams subjected to four-point-bending〔J〕. Applied Acoustics，2017，117：28-38.

〔14〕　张萌诮. 基于声发射参数的沥青混合料断裂特性表征方法研究〔D〕. 吉林大学，2019.

# 第6章 混凝土中氯离子含量原位监测技术

在海洋环境和西部盐渍土环境下，氯离子很容易进入混凝土内部，并与钢筋发生反应，引起钢筋锈蚀，导致混凝土保护层开裂，影响工程安全服役，缩短建（构）筑物使用年限，造成重大经济损失。因此，及时、准确地监测钢筋混凝土结构中氯离子侵蚀过程以及钢筋周围氯离子含量对于钢筋混凝土结构防护与修复意义重大。目前，钢筋混凝土中氯离子含量原位监测方法主要有光纤光栅法和电化学法[1-6]。光纤光栅法只能检测预先设定的阀值氯离子浓度，且光纤传感器制造成本较高，易损坏和腐蚀，因此不适用于混凝土内部氯离子长期监测。基于电化学法的氯离子传感器通常包括工作电极和参比电极[7,8]。工作电极一般采用 Ag/AgCl 电极，它具有结构简单、性能稳定、耐碱性良好等优点，使其得到了广泛的应用[9-11]。Ag/AgCl 工作电极最常用的制备方法有物理粉压法、热分解法和恒电流极化法。热分解法因生成物不纯，且生成量难于控制，从而导致测量精度不足。参比电极一般采用 $Mn/MnO_2$ 电极。$Mn/MnO_2$ 参比电极的制备方法有化学法、电化学法和物理粉压法三种。化学法主要有氯酸盐氧化法、微波合成法、化学沉淀法、液相法、水热法、溶胶-凝胶法等，主要用作电化学电容器和工业电镀阳极。电化学法制备电极材料的晶体颗粒粒度较小且致密，晶粒与晶粒之间的结合力较好，均相性较高。与化学法和电化学法相比，物理粉压法制备的 $Mn/MnO_2$ 参比电极在混凝土中具有更高的精度和更好的稳定性。

青岛理工大学海洋环境混凝土技术创新团队基于电化学原理，采用物理粉压法和恒电流极化法制备了高精度、性能稳定的可埋入式混凝土用固态 Ag/AgCl 工作电极[12,13]。采用物理粉压法制备了结构致密、性能稳定的可埋入式混凝土用固态 $Mn/MnO_2$ 参比电极。并以制备的工作电极和参比电极组成氯离子传感器，测试了氯离子传感器在混凝土模拟孔溶液和砂浆中的性能，为实现混凝土中氯离子含量的原位动态监测提供技术支持。

## 6.1 物理粉压法制备 Ag/AgCl 工作电极及其性能表征

### 6.1.1 Ag/AgCl 工作电极的制备

1. 工作电极的制备

（1）Ag 和 AgCl 粉末处理

1）称取一定质量比的 Ag（纯度为 99.99% 的高纯纳米 Ag 粉）和 AgCl 粉末，然后将混合粉末放入高速搅拌机中充分搅拌。

2）将搅拌后的粉末放入玛瑙研钵中进行研磨，为了使 Ag 与 AgCl 粉末混合得更加均匀，在研磨过程中加入少量分散剂，分散剂能够使粉末带有相同的电荷，不会出现团聚现象。

3）研磨均匀后，将粉末放入用蒸馏水冲洗干净的烧杯中，冲洗 3 次。

4）将冲洗过的粉末放入烘箱中，烘干。

（2）Ag/AgCl 工作电极片制备

1）因为 Ag 和 AgCl 混合粉末在烘干过程中会凝结成小块，所以将混合粉末从烘箱中取出来之后，需要放入研钵中继续研磨。

2）采用称量纸准确称取 Ag/AgCl 混合粉末。

3）提前将模具组装好，将混合粉末放入柱体中，振动几次筒体，将混合粉末尽量均匀平铺在下压盘上，减少筒壁上的粉末。然后将带有银丝线的压轴放入模具中。在放入压轴过程中，边放边慢慢旋转，以便排出柱体内的空气。在压轴完全放进柱体后，再次旋转压轴，使筒壁上的粉末落入下面，减小压轴与筒壁间的挤压力，方便脱模。

4）将模具放到压片试验机加载平台上，启动设备，压力达到 10MPa 时停留一会，然后继续加压直到加载到 20MPa。

5）脱模，取出 Ag/AgCl 工作电极片，其高度为 3mm、直径为 13mm，如图 6-1 所示。

（3）Ag/AgCl 工作电极封装

将 PPR 管底部填充厚度约为 5mm 的水泥基半透膜，然后将 Ag/AgCl 电极放入半透膜上部，Ag/AgCl 电极与 PPR 管缝隙以及上部位置用环氧树脂密封，最终制成具有一定结构强度的 Ag/AgCl 工作电极，如图 6-2 所示。

图 6-1 Ag/AgCl 工作电极片

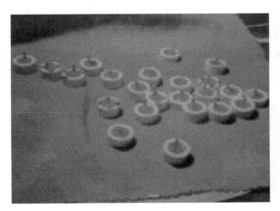

图 6-2 物理粉压法制备的 Ag/AgCl 工作电极实物图

2．工作电极表面形貌测试

在常温下，AgCl 为微溶盐，随着温度升高，其溶解度会增大，水解反应为：$2AgCl + H_2O \longrightarrow Ag_2O + 2HCl$，水解后电势逐步向 $Ag/Ag_2O$ 电极转移，因此 Ag/AgCl 电极在酸性溶液中应用会更加稳定一些。但混凝土的 pH 值一般大于 12，所以在实际使用之前，需要对电极进行耐碱性测验。将新压制的 Ag/AgCl 电极做 SEM 微观形貌分析和 EDS 能谱分析，然后将 Ag/AgCl 电极在碱性环境中浸泡 60d，再次测试电极的微观结构，检验电极微观结构是否受碱性环境影响。

　　图 6-3 为物理粉压法制备的 Ag/AgCl 电极 SEM 图，可以看出 Ag/AgCl 电极表面非常致密，AgCl 和 Ag 均匀分布在电极表面。图 6-4 为物理粉压法制备的 Ag/AgCl 电极在碱性环境中浸泡 60d 后 SEM 图，可以看出 Ag/AgCl 电极表面仍然非常致密，AgCl 和 Ag 均匀分布在电极表面。通过对比可以看出，Ag/AgCl 电极在碱性环境中浸泡 60d 后表面形貌没有发生较大变化，AgCl 颗粒基本上没有减少，说明 Ag/AgCl 电极适宜在混凝土高碱性环境中工作。

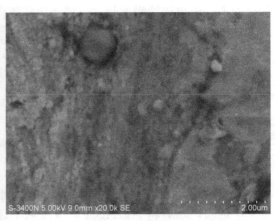

图 6-3　物理粉压法制备的　　　　　　　　图 6-4　物理粉压法制备的 Ag/AgCl 电极

Ag/AgCl 电极 SEM 图　　　　　　　　在碱性环境中浸泡 60d 后 SEM 图

　　物理粉压法制备的 Ag/AgCl 电极在碱性环境中浸泡前后的 EDS 能谱测试结果如图 6-5、图 6-6 所示。从图中可以看出，Ag/AgCl 电极在碱性环境中浸泡前后其表面没有其他物质变化，Ag/AgCl 电极在碱性溶液中表现出良好的稳定性，AgCl 没有发生水解反应，说明碱性环境不会影响电极的性能，电极耐碱能力非常强。另外，Ag/AgCl 电极中除了含有 Ag 和 Cl 元素外，还含有 Mn 和 Fe 等元素。这是因为在利用该模具压制 Mn/

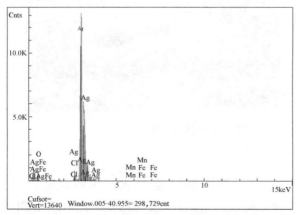

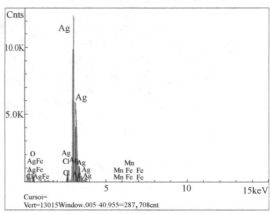

图 6-5　物理粉压法制备的　　　　　　　　图 6-6　物理粉压法制备的 Ag/AgCl 电极

Ag/AgCl 电极 EDS 能谱图　　　　　　　　在碱性环境中浸泡 60d 后 EDS 能谱图

MnO₂ 参比电极时残留了部分 $MnO_2$。并且在压制电极时，模具中微量的 Fe 元素进入 Ag/AgCl 电极中。虽然在压制 Ag/AgCl 电极时用酒精进行了冲洗擦拭，但还会有极少部分残留在模具孔壁上。

### 6.1.2  Ag/AgCl 工作电极基本性能

#### 1. 工作电极的响应时间

Ag/AgCl 电极的响应时间是指将 Ag/AgCl 电极与饱和甘汞电极一起放入被测溶液中，直到电极电位达到平衡电位所用的时间。响应时间反映了 Ag/AgCl 电极对氯离子的反应灵敏度，是检验 Ag/AgCl 电极性能的重要参数物理粉压法制备的。Ag/AgCl 电极在不同氯离子浓度模拟溶液中的电位-时间关系曲线如图 6-7 所示。从图中可以看出，电极在不同浓度氯离子模拟溶液中响应时间不同。氯离子浓度越低，电极响应时间越长。1mol/L 的 NaCl 模拟溶液中电极电位在 5s 内达到稳定；0.5mol/L 的 NaCl 模拟溶液中电极电位在 15s 内达到稳定；0.1mol/L 的 NaCl 模拟溶液中电极电位在 100s 内达到稳定；0.01mol/L 的 NaCl 模拟溶液中电极电位在 250s 内达到稳定；0.001mol/L 的 NaCl 模拟溶液中电极电位在 300s 内达到稳定。这是因为，在低浓度 NaCl 溶液中氯离子活度低，而电极响应的实质是离子活度，离子活度越小，电极响应时间越长，离子活度越大，电极响应时间越短。

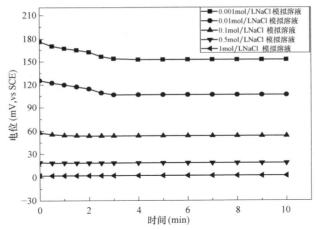

图 6-7  物理粉压法制备的 Ag/AgCl 电极在不同模拟溶液中的电位响应

#### 2. 工作电极的稳定性

电极的稳定性是评价电极可用性的重要性能参数之一。电极的稳定性通常指通过一段时间的电位测量，电极电位稳定在误差允许的范围内。采用电化学工作站 PARSTAT 2273，用三电极体系测试工作电极的开路电位，评价工作电极的稳定性。测试过程中，测量线底部（参考电极）接饱和甘汞参比电极，高端的测量线（计数电极）接所制备的 Ag/AgCl 工作电极，另一条线接辅助电极铂片。测试结果如图 6-8 所示。结果表明，测试过程中，电极开路电位一直稳定在小数点后六位数，表明所制备的电极稳定性良好，适用于作氯离子传感器工作电极。

将两个采用物理粉压法制备的 Ag/AgCl 电极浸泡在 0.1mol/L NaCl 模拟溶液中，测试其电位，得到电位-时间曲线，如图 6-9 所示。从图中可以看出，在电极最初浸泡的 7d 左右内，电位值有一些波动。这是因为 Ag/AgCl 电极处在活化期间，Ag/AgCl 电极的电势与溶液中氯离子活度有关，因此 Ag/AgCl 电极需要建立离子平衡和稳定。电极稳定后电位值波动较小，因为 AgCl 微溶于溶液，电极稳定后 AgCl 含量基本保持在平衡阶段不会产生变化。在最初 10d 的测试中两个电极的电位值一直为 43mV，表明 Ag/AgCl 电极电位值非常稳定。测试 25d 中，A 号电极平均电位值为 42.364mV，B 号电极平均电位值为 42.091mV。表明 Ag/AgCl 电极稳定性良好。

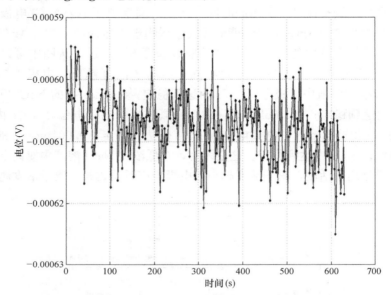

图 6-8　物理粉压法制备的 Ag/AgCl 电极开路电位测试结果

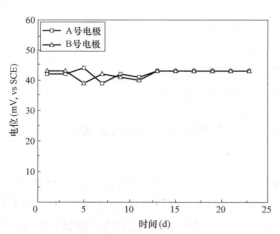

图 6-9　物理粉压法制备的 Ag/AgCl 电极电位-时间曲线

### 3. 工作电极的重现性

因为活化期间 Ag/AgCl 电极的电势与溶液中氯离子活度有关，Ag/AgCl 电极需要一定的活化时间，离子才能平衡和稳定，所以电极制备完成后，需要对其进行活化。可将其放入 0.1mol/LNaCl 溶液中进行活化，活化时间不能少于 7d。Ag/AgCl 电极活化之后，测试其重现性。电极的重现性是评价电极可用性的重要性能参数之一。电极的重现性通常是指不同电极之间电位的差异性，即电极电位的重现程度。

将活化后的 15 个采用物理粉压法制备的 Ag/AgCl 电极放入浓度为 0.01mol/L 的 NaCl 溶液中测试其电位，结果如图 6-10 所示。从图中可以看出，活化 7d 的 15 个电极电位最大值为 −91.4mV，最小值为 −92.3mV，平均值为 −92.11mV，最大偏差为 0.7mV，电极之间的电位相差不大，表

明所制备的电极重现性非常好。活化 14d 的
15 个电极同样表现出良好的重现性，而且与
活化 7d 的电极测试结果几乎一致，达到了
《沿海及海上风电机组防腐技术规范》GB/T
33423—2016 对工作电极的要求。考虑到饱
和甘汞电极本身的电位漂移以及浸泡溶液浓
度的微小变化对电极产生的影响，可以认为
制备的电极稳定性良好，可用作氯离子传感
器工作电极。

4. 工作电极的能斯特方程

Ag/AgCl 工作电极是银浸入到该金属银
的盐溶液中，属于第二类电极，其只有一个
界面。AgCl 微溶于水，可长期稳定存在，还

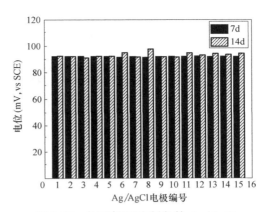

图 6-10 物理粉压法制备的 Ag/AgCl
电极在 NaCl 溶液中的电位值

能减少对被测体系溶液的污染。反应方程式如式（6-1）所示：

$$AgCl + e^- \rightleftharpoons Ag + Cl^- \tag{6-1}$$

通过能斯特方程可得，任意温度条件下，上述反应达到平衡后电极电位 $E$ 由公式
（6-2）表示：

$$E = E^0_{Ag/AgCl} - \frac{RT}{F} lg[\alpha_{Cl^-}] \tag{6-2}$$

式中　　$E^0_{Ag/AgCl}$——Ag/AgCl 标准电位，取 0.2224V；

　　　　$R$——理想气体常数，取 8.314J/(mol·K)；

　　　　$T$——电极所处环境温度；

　　　　$F$——法拉第常数，96485.3C/mol；

　　　　$\alpha_{Cl^-}$——氯离子活度。

由公式（6-2）可以看出，工作电极电位值与溶液氯离子浓度负对数成线性关系，将
其埋入到混凝土中钢筋周围，根据能斯特方程，便可以得到混凝土中某点的氯离子浓度
值。只有符合能斯特方程的 Ag/AgCl 电极才可用作氯离子监测传感器。

用所制备的 Ag/AgCl 电极作为工作电极，饱和甘汞电极作为参比电极，将测试电极
放入不同氯离子浓度的模拟溶液中，测试不同氯离子浓度情况下的电极电位，结果如图
6-11 所示。从图中可以看出，Ag/AgCl 工作电极与饱和甘汞参比电极的线性相关性非常
好，所以只要可埋入式固态参比电极电位响应值稳定，氯离子含量的测试结果可信度就会
非常高。

### 6.1.3　外界环境作用对 Ag/AgCl 工作电极性能的影响

1. 温度对工作电极性能的影响

根据能斯特方程，在其他条件不变的情况下，电极电位是温度的函数。而实际环境中
的温度是在不断变化的，所以在实际使用过程中，需要对电极测试结果进行温度修正。图
6-12 为物理粉压法制备的 Ag/AgCl 电极电位随温度的变化曲线，采用的氯离子浓度为
0.1mol/L。从图中可以看出，3 个电极在 10～60℃范围内电位值的变化规律是一致的。

在 10～40℃ 范围内，电极电位值从大约 100mV 变化到 103mV 左右，电位变化值小于 5mV，几乎可以忽略不计。温度在 50℃ 时相比较室温下电位值上升了约 4.8mV。温度在 60℃ 时相比较室温下电位值上升了约 9.59mV。由能斯特方程得：温度升高会增加表面离子活度，电极电位值增加，而氯离子传感器还有一个参比电极，同样在温度升高时其表面活性也会增大，电位值也会相应增加。由此可见，当 Ag/AgCl 电极在温度为 10～40℃ 范围内工作时，温度对传感器电位值几乎没有影响。当温度超过 40℃ 时，需要进行温度修正。

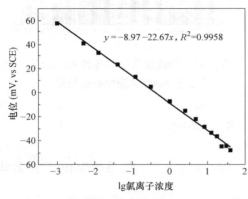

图 6-11　物理粉压法制备的 Ag/AgCl 工作电极能斯特方程曲线

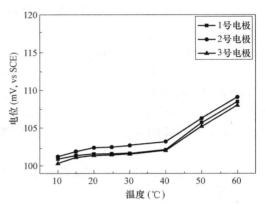

图 6-12　物理粉压法制备的 Ag/AgCl 电极电位随温度的变化曲线

### 2. 干扰离子对工作电极性能的影响

不同海域及西部盐湖地区主要离子含量如表 6-1 所示。从表中可以看出，海水中离子含量从大到小的顺序是 $Cl^- > Na^+ > SO_4^{2-} > Mg^{2+} > Ca^{2+} > K^+$，青海察哈尔盐湖卤水中离子含量从大到小的顺序是 $Cl^- > Na^+ > Mg^{2+} > SO_4^{2-} > K^+ > Ca^{2+}$。通过 Ag/AgCl 电极的工作原理可知，$Na^+$ 和 $K^+$ 对电极测试结果没有影响。所以，我们主要研究 $SO_4^{2-}$、$Mg^{2+}$ 和 $Ca^{2+}$ 对 Ag/AgCl 电极性能的影响，明确所制备 Ag/AgCl 电极的抗离子干扰性。

物理粉压法制备的 Ag/AgCl 电极在氯离子浓度为 0.1mol/L 和 1mol/L 的纯水、饱和氢氧化钙、混凝土模拟液（0.2mol/L NaOH，0.6mol/LKOH，饱和氢氧化钙）、混凝土模拟液 $SO_4^{2-}$ 和混凝土模拟液 $Mg^{2+}$、$SO_4^{2-}$ 溶剂中的测试结果如图 6-13 和图 6-14 所示。

不同地域的离子含量（mg/L）　　　　　　　　　　　　　　　　　　表 6-1

| 水样 | $K^+$ | $Mg^{2+}$ | $Na^+$ | $SO_4^{2-}$ | $Ca^{2+}$ | $Cl^-$ |
|---|---|---|---|---|---|---|
| 西沙岛水 | 17.6 | 999.6 | 784.4 | 78.2 | 70.1 | 2800.0 |
| 西沙海水 | 505.0 | 3385.0 | 10448.0 | 1212.8 | 400.2 | 19756.0 |
| 一般海水 | 380.0 | 1350.0 | 10500.0 | 2967.0 | 400.0 | 19000.0 |
| 青海察哈尔盐湖卤水 | 5977.8 | 35129.7 | 68360.5 | 22290.0 | 4241.4 | 204209.0 |

从图 6-13 可以看出，传感器的电位值会随着模拟液 pH 值的上升而升高。在混凝土模拟液中加入 $SO_4^{2-}$ 时，所测得的电极电位与未加入 $SO_4^{2-}$ 时所测得的电极电位几乎相同。因此，物理粉压法制备的 Ag/AgCl 电极电位不受 $SO_4^{2-}$ 的影响。随后在混凝土模拟

液中加入 $Mg^{2+}$、$SO_4^{2-}$，所测得的电极电位与未加入 $SO_4^{2-}$ 时所测得的电极电位，几乎相同。所以，物理粉压法制备的 Ag/AgCl 电极电位不受 $Mg^{2+}$ 的影响。

从图 6-14 可以看出，当氯离子浓度为 1mol/L 时，得到的规律与氯离子浓度为 0.1mol/L 时相同。综上分析，物理粉压法制备的 Ag/AgCl 电极容易受到环境 pH 值的影响，随着 pH 值的增大电极电位值增大。所以，在实际使用过程中，需要对其进行 pH 值修正。而 $SO_4^{2-}$ 和 $Mg^{2+}$ 等对物理粉压法制备的 Ag/AgCl 电极没有影响。

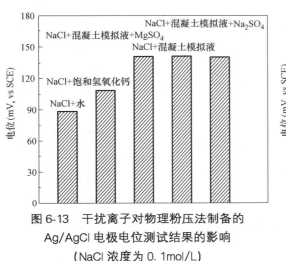

图 6-13 干扰离子对物理粉压法制备的
Ag/AgCl 电极电位测试结果的影响
（NaCl 浓度为 0.1mol/L）

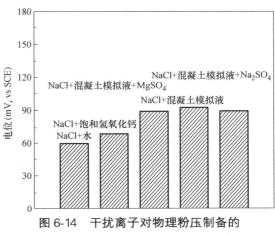

图 6-14 干扰离子对物理粉压制备的
Ag/AgCl 电极电位测试结果的影响
（NaCl 浓度为 1mol/L）

3. 环境 pH 值对工作电极性能的影响

通过图 6-13 和图 6-14 的试验结果可以看出，环境 pH 值会影响物理粉压法制备的 Ag/AgCl 电极测试结果。所以，如果在实际使用过程中，使用环境的 pH 值发生变化的时候，就需要对电极的测试结果进行修正。而混凝土的 pH 值通常较高（通常大于 12），一旦与大气中的二氧化碳发生反应，就会降低混凝土的 pH 值。另外，一些工业环境通常含有酸性气体，这也会导致混凝土的 pH 值降低。在 100mL 浓度均为 0.04mol/L 的磷酸、硼酸以及醋酸的混合溶液中，加入不同体积的 NaOH 溶液（浓度为 0.2mol/L）来调节 pH 值。

pH 值对物理粉压法制备的 Ag/AgCl 电极电位的影响如图 6-15 所示。从图中可以看出，物理粉压法制备的 Ag/AgCl 电极电位随 pH 值升高而增大。当 pH 值大于 7 小于 10 时，电极电位几乎不变。而当 pH 值大于 10 小于 13 时，电极电位随 pH 值的升高线性增加。所以，如果将该工作电极用于测试混凝土中的氯离子浓度，必须同时测试混凝土内部的 pH 值，并作修正。

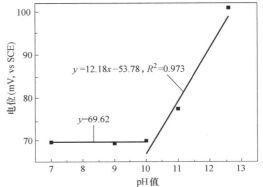

图 6-15 pH 值对物理粉压法制备的
Ag/AgCl 电极电位的影响

## 6.2　恒电流极化法制备 Ag/AgCl 工作电极及其性能表征

### 6.2.1　Ag/AgCl 工作电极的制备

Ag 电极预处理：首先将银丝切成长度为 2cm 的银棒，如图 6-16（a）所示。然后将银棒的一端与铜导线焊接，焊接长度为 0.5cm，如图 6-16（b）所示。焊接完成后，将待极化的银棒用 600 号、800 号、1000 号的砂纸打磨抛光。然后用丙酮对银棒进行表面清洗，以除去表面的油污。随后将其放入 5% 的硝酸溶液 1min，除去电极表面的氧化物。再将银棒放入酒精中清洗。最后用蒸馏水对电极进行清洗。为防止铜导线与银棒焊接处发生电偶腐蚀，用环氧树脂对焊接部位进行密封，只露出待极化的银棒（外露的 1.5cm 银棒），如图 6-16（c）所示。

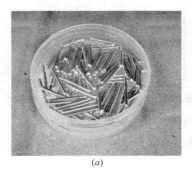 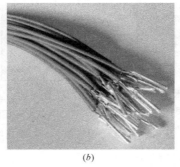 

(a)　　　　　　　　　　　(b)　　　　　　　　　　　(c)

图 6-16　Ag 电极

（a）2cm 的银棒；（b）银棒与铜导线焊接；（c）Ag 电极密封

Ag/AgCl 电极的制备：阳极极化试验采用 Princeton VersaSTAT 3 电化学工作站三电极体系，Ag 电极与电化学工作电极用导线相连，饱和甘汞电极与参比电极用导线相连，铂电极与辅助电极用导线相连。试验过程中，将银棒放入 0.1mol/L 的 HCl 溶液中进行电解，通电电流密度为 $0.5mA/cm^2$，通电时间为 2.5h。随后将制备出的 AgCl 电极放在 0.1mol/L 的 KCl 溶液中进行活化，活化过程中采取避光措施。

制备的 Ag/AgCl 电极微观形貌如图 6-17 所示。从图中可以看出，电极表面颗粒分布均匀，堆叠有序。从图 6-18 可以看出，这些颗粒主要由 Ag 和 Cl 两种元素组成。XRD 测试结果表明，这些颗粒主要是 AgCl 晶体，如图 6-19 所示。表明本研究选用 $0.5mA/cm^2$ 的通电电流密度，极化 2.5h，银丝表面均匀地生成了 AgCl 晶体。电极制备完成后，放入饱和氢氧化钙溶液中活化 30d，以确保测试数据的精确度。

### 6.2.2　Ag/AgCl 工作电极基本性能

1. 工作电极的响应时间

恒电流极化法制备的 Ag/AgCl 电极在不同氯离子浓度模拟溶液中的电位-时间关系曲线如图 6-20 所示。从图中可以看出，电极在不同浓度氯离子模拟溶液中响应时间不同。氯离子浓度越低，电极响应时间越长。1mol/L 的 NaCl 模拟溶液中电极电位在 3s 内达到

图 6-17　恒电流极化
法制备的 Ag/AgCl 电
极 SEM 图（5000 倍）

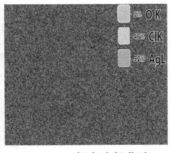

图 6-18　恒电流极化法
制备的 Ag/AgCl
电极 EDS 面扫描

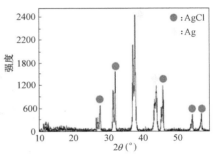

图 6-19　恒电流极化法
制备的 Ag/AgCl
电极 XRD 图

稳定；0.5mol/L 的 NaCl 模拟溶液中电极电位在 10s 内达到稳定；0.1mol/L 的 NaCl 模拟溶液中电极电位在 50s 内达到稳定；0.01mol/L 的 NaCl 模拟溶液中电极电位在 150s 内达到稳定；0.001mol/L 的 NaCl 模拟溶液中电极电位在 200s 内达到稳定。对比图 6-7 和图 6-20 可以看出，与物理粉压法制备的 Ag/AgCl 电极相比，恒电流极化法制备的 Ag/AgCl 电极响应时间更短，更灵敏。

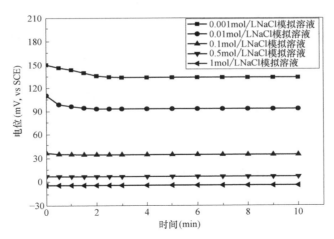

图 6-20　恒电流极化法制备的 Ag/AgCl 电极在不同模拟溶液中的电位响应

2. 工作电极的稳定性

将电极浸泡在不同氯离子浓度模拟溶液中，每天测试其电位，做出电位-时间曲线，如图 6-21 所示。从图中可以看出，氯离子浓度越高，电极电位值越小，且在低浓度 NaCl 模拟溶液下，电极电位需要更长的时间才能达到稳定值。这是因为 Ag/AgCl 电极的电位与溶液中氯离子浓度有关，电极在溶液中离子平衡和稳定性的建立需要一个过程，因此测试初期 Ag/AgCl 电极在各溶液中都有一个较大的波动过程。而对于后期的电位测量，因 NaCl 模拟溶液的浓度较大，Ag/AgCl 电极对 Cl⁻ 较敏感，Cl⁻ 的活度较大，稳定较快。在所有溶液中，后期电极的电位值均在 5mV 范围内波动，这表明所制备的 Ag/AgCl 电极稳定性较好，可在后期试验中使用。

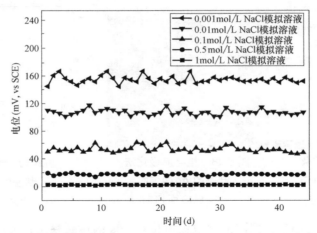

图 6-21　恒电流极化法制备的 Ag/AgCl 电极在不同模拟溶液中电位-时间曲线

**3. 工作电极的重现性**

将活化后的 4 个采用恒电流极化法制备的 Ag/AgCl 电极浸泡在不同氯离子浓度的模拟溶液中，为减小试验误差，每个电极测 3 次取平均值作为最终的试验数据，结果如图 6-22 所示。从图中可以看出，在同一氯离子浓度的模拟溶液中 4 个电极的电位值几乎相同，电位偏差较小，电极电位的极差在 0.2～0.5mV 之间，表明电极的重现性非常好。

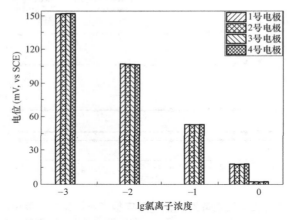

图 6-22　4 个采用恒电流极化法制备的 Ag/AgCl 电极在模拟溶液中的电位值

**4. 工作电极的能斯特方程**

恒电流极化法制备的 Ag/AgCl 工作电极，是在银丝表面生成一层氯化银层，而氯化银层有较低的溶解度，电极在电解液中易于饱和。电极的电势大小，不仅取决于电极本身的性质，还与反应温度、有关物质浓度等有关。从理论角度分析，恒电流极化法制备的 Ag/AgCl 工作电极性能稳定后，在任意温度 $T$ 下，电极电位 $E$ 符合公式（6-2）。从公式（6-2）可知，在温度不变的条件下，Ag/AgCl 电极的平衡电位只与溶液中氯离子浓度有关，即 Ag/AgCl 电极对 Cl⁻ 有较高的选择性，且 Ag/AgCl 电极电位与溶液中氯离子浓度的对数存在线性关系。通过监测电位的变化可以反推出溶液中氯离子浓度。因此，电极电位的测量精度对氯离子浓度的准确测量至关重要。

图 6-23 为恒电流极化法制备的 Ag/AgCl 电极对饱和甘汞电极能斯特方程曲线。从图中可以看出，随着氯离子浓度对数的增大，电极电位值逐渐降低。即氯离子浓度越大，电极电位值越小；氯离子浓度越小，电极电位值越大。电极电位与氯离子浓度的对数线性相关。表明 Ag/AgCl 电极在不同氯离子浓度模拟溶液中符合能斯特方程，可以用作氯离子传感器的工作电极。

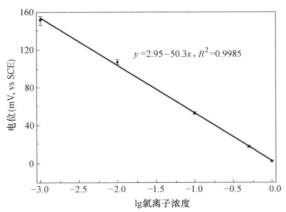

$y = 2.95 - 50.3x$, $R^2 = 0.9985$

图 6-23　恒电流极化法制备的 Ag/AgCl 工作电极能斯特方程曲线

## 6.2.3　外界环境作用对 Ag/AgCl 工作电极性能的影响

1. 温度对工作电极性能的影响

将电极浸泡在不同氯离子浓度模拟溶液中，测量电极电位随温度的变化情况，结果如图 6-24 所示。从图中可以看出，随着温度的升高，电极电位增大，温度每升高 10℃，电极电位约升高 2mV，电极电位与温度线性相关，电极在 10～60℃ 范围内有着良好的稳定性。电极在 1mol/L、0.5mol/L、0.1mol/L、0.01mol/L、0.001mol/LNaCl 模拟溶液中的温度系数依次为 0.225mV/℃、0.219mV/℃、0.236mV/℃、0.227mV/℃、0.227mV/℃。并且当温度恢复到相同温度时，电极电位能够迅速恢复到所测电位值，并没有出现电位滞后现象，表明制备的 Ag/AgCl 电极具有良好的温度响应特性。

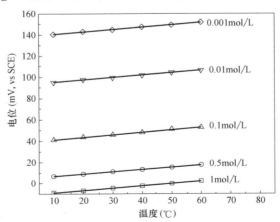

图 6-24　恒电流极化法制备的 Ag/AgCl 电极电位随温度的变化曲线

## 2. 干扰离子对工作电极性能的影响

$SO_4^{2-}$ 对恒电流极化法制备的 Ag/AgCl 电极电位测试结果的影响如图 6-25 所示。从图中可以看出，不管是在高浓度氯离子溶液还是低浓度氯离子溶液中，随着 $SO_4^{2-}$ 浓度的增加 Ag/AgCl 电极电位几乎不变。这说明，$SO_4^{2-}$ 对恒电流极化法制备的 Ag/AgCl 电极性能没有影响。$Mg^{2+}$ 对恒电流极化法制备的 Ag/AgCl 电极电位测试结果的影响如图 6-26 所示。从图中可以看出，不管是在高浓度氯离子溶液还是低浓度氯离子溶液中，随着 $Mg^{2+}$ 浓度的增加 Ag/AgCl 电极电位几乎不变。这说明，$Mg^{2+}$ 对恒电流极化法制备的 Ag/AgCl 电极性能没有影响。所以，在使用过程中，干扰离子对恒电流极化法制备的 Ag/AgCl 电极没有影响，无需进行干扰离子修正。

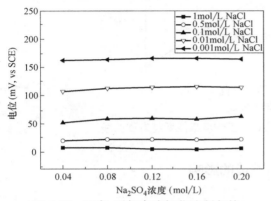

图 6-25　$SO_4^{2-}$ 对恒电流极化法制备的 Ag/AgCl 电极电位测试结果的影响

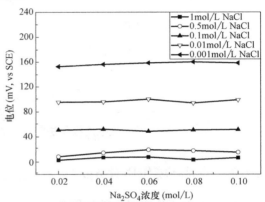

图 6-26　$Mg^{2+}$ 对恒电流极化法制备的 Ag/AgCl 电极电位测试结果的影响

## 3. 环境 pH 值对工作电极性能的影响

pH 值对恒电流极化法制备的 Ag/AgCl 电极电位的影响如图 6-27 所示。从图中可以看出，恒电流极化法制备的 Ag/AgCl 电极电位随 pH 值升高而增大，当增大到一定程度时，电极电位维持恒定，此规律与物理粉压法制备的 Ag/AgCl 电极不同。当 pH 值大于 8 小于 10.5 时，电极电位随 pH 值的升高而线性增加。而当 pH 值大于 10.5 小于 13 时，电极电位几乎不变。所以，如果将该工作电极用于测试混凝土中的氯离子浓度，必须同时测

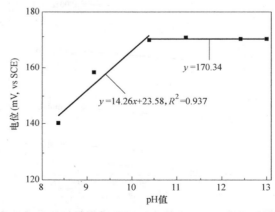

图 6-27　pH 值对恒电流极化法制备的 Ag/AgCl 电极电位的影响

试混凝土内部的 pH 值，并作修正。

## 6.3 可埋入式混凝土用固态 Mn/MnO₂ 参比电极制备及其性能表征

### 6.3.1 Mn/MnO₂ 参比电极的制备及参数优化

1. 参比电极的制备

（1）混合粉末处理

称取一定质量比的 $\beta$-MnO₂、锰粉、超导电炭黑和胶粘剂放入高速搅拌机中充分搅拌。搅拌均匀后，将混合粉末放入玛瑙研钵中研磨，然后将混合粉末放入真空干燥箱中干燥。

（2）Mn/MnO₂ 锰环体的制备

首先，称取一定质量经真空干燥后的混合粉末，将其放入图 6-28 所示的钢模具中。通过压力试验机对钢模具加载，加载速度为 0.2kN/s，如图 6-29 所示。加载到目标压力值（5～70kN）后持载 10min，脱模得到锰环体，如图 6-30 所示。得到的锰环体直径为 1.2cm，高度为 0.5cm。脱模后，用焊锡将铜导线焊接在锰环体表面。为防止发生电偶腐蚀，确保铜导线与锰环体结合结实，在焊接处涂一层环氧树脂，如图 6-31 所示。

图 6-28 钢模具

图 6-29 锰环体的制备

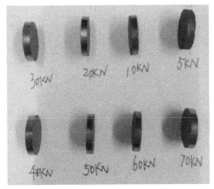

图 6-30 不同压力下的锰环体

图 6-31 锰环体与铜导线焊接

（3）Mn/MnO$_2$ 电极封装

制备外径为 2cm。壁厚为 3mm。内径为 1.4cm。长度为 3cm 的 PVC 管对锰环体进行封装，如图 6-32 所示。底层为水泥基半透膜层。半透膜厚度为 0.5cm，填充完后，将 PVC 管放入混凝土标准养护室内养护 7d。第二层为厚度为 0.5cm 的碱性凝胶层。水泥基半透膜底部不能渗出碱性凝胶，否则会影响电极的稳定性。第三层为锰环体。第四层为环氧树脂密封层。封装完成后，将 Mn/MnO$_2$ 电极放入饱和氢氧化钙溶液中进行活化，如图 6-33 所示。

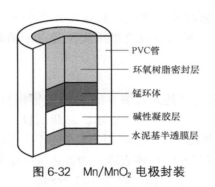

图 6-32　Mn/MnO$_2$ 电极封装

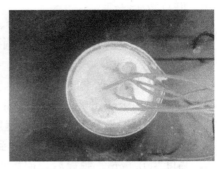

图 6-33　Mn/MnO$_2$ 电极活化

2. 加载压力对 Mn/MnO$_2$ 锰环体微观结构的影响

在锰环体的制备过程中，加载压力的大小对锰环体的致密度和厚度影响很大。用型号为 QUANTA 250 的扫描电子显微镜观察不同压力下所得到的 Mn/MnO$_2$ 锰环体的微观结构，如图 6-34 所示。5kN 压力下得到的锰环体较为疏松，并且在对锰环体脱模的过程中，会有少许混合粉末脱落，锰环体的棱角粗糙有缺陷，锰环体强度不能满足参比电极坚固性

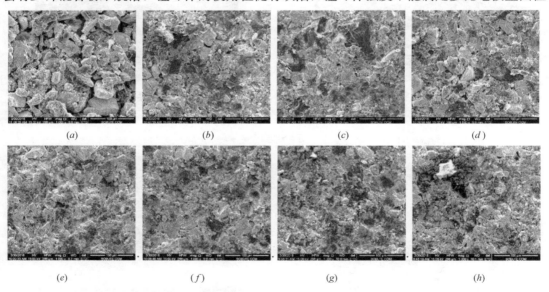

图 6-34　不同压力下 Mn/MnO$_2$ 锰环体 SEM 图（1000 倍）

（$a$）5kN；（$b$）10kN；（$c$）20kN；（$d$）30kN

（$e$）40kN；（$f$）50kN；（$g$）60kN；（$h$）70kN

的要求。其他压力下得到的锰环体棱角光滑，无粉末脱落现象。随着加载压力的增加，锰环体的致密度增强，粉体与粉体之间结合越来越紧凑有序，锰环体的密实性越来越好。当 5kN＜压力≤40kN 时，随着加载压力的增加，粉体之间的粘结力较好，锰环体并无损伤。当 40kN＜压力≤70kN 时，粉体之间的粘结力较好。但随着压力的增加，粉末的形貌和结构会被破坏，影响锰环体的性能。

用 GENESIS Apollo X 能谱仪对不同压力下所得到的 Mn/MnO₂ 锰环体进行线扫描，如图 6-35 所示。从图中可以看出，无论在多大压力下得到的锰环体，检测到的元素都是 C、O、Mn 及少量 Fe。其中，C 来源于超导电炭黑，O 主要来源于 MnO₂，Mn 主要来源于锰粉和 MnO₂，少量的 Fe 来源于钢模具。各种元素的分布比较均匀，Mn/MnO₂ 锰环体的均匀性有利于确保其性能的稳定。结合脱模后锰环体 SEM、EDS 试验结果，本研究采用 40kN（96MPa）作为锰环体加载参数。

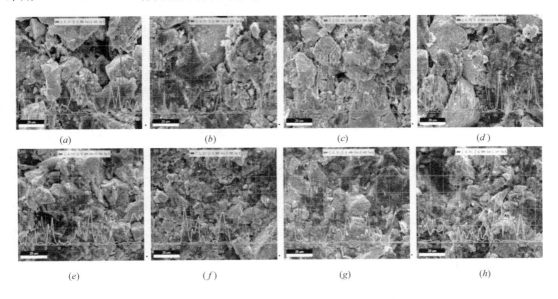

图 6-35　不同压力下 Mn/MnO₂ 锰环体 EDS 线扫描图（3000 倍）

（$a$）5kN；（$b$）10kN；（$c$）20kN；（$d$）30kN

（$e$）40kN；（$f$）50kN；（$g$）60kN；（$h$）70kN

### 6.3.2　Mn/MnO₂ 参比电极基本性能

1. 参比电极的响应时间

由于水泥水化会生成大量的氢氧化钙，所以硬化后的混凝土孔溶液中充满了饱和氢氧化钙溶液。所制备的 Mn/MnO₂ 电极在不同氯离子浓度饱和氢氧化钙溶液中的响应时间，如表 6-2 所示。从表中可以看出，Mn/MnO₂ 电极的响应时间随着氯离子浓度的降低而延长。当氯离子浓度从 1mol/L 降到 0mol/L 时，响应时间从 10s 增加到 60s，所制备的 Mn/MnO₂ 电极非常灵敏。所以，在实际应用过程中应该读取 60s 之后的数据作为实测数据。

| $Mn/MnO_2$ 电极在不同氯离子浓度饱和氢氧化钙溶液中的响应时间 | | | | | 表 6-2 |
|---|---|---|---|---|---|
| 氯离子浓度(mol/L) | 1 | 0.5 | 0.1 | 0.01 | 0.001 | 0 |
| 响应时间(s) | 10 | 17 | 25 | 33 | 45 | 60 |

**2. 参比电极的稳定性**

将所制备的 $Mn/MnO_2$ 电极浸泡在 0.1mol/L 氯离子浓度饱和氢氧化钙溶液中测试其相对于饱和甘汞电极的电位,结果如图 6-36 所示。从图中可以看出,$Mn/MnO_2$ 电极电位在测试的开始阶段波动较大。随着测试时间的延长,电极电位逐渐趋于稳定,60d 左右电极电位达到平衡电位 30.2mV,活化后的 $Mn/MnO_2$ 电极稳定性非常好。所以,在使用制备好的 $Mn/MnO_2$ 电极之前必须经过 60d 以上饱和氢氧化钙溶液活化。

测试初期电极电位波动的原因如下:由于活化时间不足,$MnO_2$ 处于活化期,在此过程中,$\beta\text{-}MnO_2$ 的隧道晶型结构孔隙较小($\beta\text{-}MnO_2$ 晶体结构如图 6-37 所示,$\beta\text{-}MnO_2$ 是一种典型的红金石结构,属于四方晶系,孔隙的截面积小,不利于离子分散,在 $MnO_2$ 的所有晶型中性能最为稳定),只能在短时间内维持均相状态,随着活化时间的延长 $\beta\text{-}MnO_2$ 转化为 $\gamma\text{-}MnOOH$ 相,如方程式(6-3)所示。$Mn(OH)_2\text{-}MnOOH\text{-}MnO_2$ 是一种没有明显溶混性间隔的氧化物体系,并且 $MnO_2$ 与 $MnOOH$ 的混合物是一种均一相的固溶体,此类电极的电位稳定性取决于其相的组成。25℃情况下 $MnO_2 \cdot MnOOH$ 固溶体遵循能斯特方程如式(6-4)所示。可以看出,处于碱性溶液中的 $\beta\text{-}MnO_2$ 电位值取决于电极工作面 $\alpha_{MnOOH}$ 和 $\alpha_{MnO_2}$ 的比值及 pH 值。根据 6.3.3 节的试验结果,当 pH 值在 8.36~13 范围时,本研究所制备的 $Mn/MnO_2$ 参比电极不受 pH 值的影响。所以,在该 pH 值范围内,所制备参比电极的稳定性主要取决于 $\dfrac{\alpha_{MnOOH}}{\alpha_{MnO_2}}$。由于电极活性物质中 $\beta\text{-}MnO_2$ 向 $\gamma\text{-}MnOOH$ 相转化是随机性的,而且呈均一相组成的 $MnO_2\text{-}MnOOH$ 体系处于极化或者充放电过程时,$MnO_2$ 工作面 $\alpha_{MnOOH}$ 和 $\alpha_{MnO_2}$ 的比例会发生变化,因此开路电位 $E$ 也会相应发生变化。

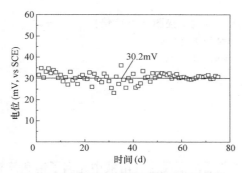

图 6-36　$Mn/MnO_2$ 电极电位-时间曲线

图 6-37　$\beta\text{-}MnO_2$ 晶体结构

综上所述,采用两相非均一氧化物体系 $MnO_2\text{-}MnOOH/MnO_x$ 代替上述均一相体系。在热力学平衡状态下金属表面只能存在单一类型金属氧化物,因此在一定温度下,金属 Mn 和 $MnO_2$ 混合后,金属 Mn 表面将发生式(6-5)所示的反应,x 取决于环境温度。只要两者间的非均一相平衡建立起来,电极的电位值将不再取决于相组成而是一个稳定值。用 FeSO$_4$ 法分析样品中 MnO$_2$、Mn 以及 MnO$_x$，得 $x$ 为 1.5，由此可推断氧化物类型为 Mn$_2$O$_3$。由此建立非均一相平衡状态，虽然体系受到外界环境的干扰，但是只要电极中 MnO$_2$ 和 Mn$_2$O$_3$ 两者之一没有被消耗，整个电极的电位值就会是一个恒定值。

$$MnO_2 + H^+ + e^- \longrightarrow MnOOH \tag{6-3}$$

$$E = \frac{1}{F}\mu^0_{MnO_2} - \mu^0_{MnOOH} - 0.059\log\frac{\alpha_{MnOOH}}{\alpha_{MnO_2}} - 0.059pH \tag{6-4}$$

式中　　$\mu^0_{MnO_2}$——MnO$_2$ 在标准状态下的标准点位置；

　　　　$\mu^0_{MnOOH}$——MnOOH 在标准状态下的标准点位置；

$\alpha_{MnOOH}$、$\alpha_{MnO_2}$——MnOOH 与 MnO$_2$ 的活度。

$$MnO_2 + Mn \longrightarrow MnO_x \tag{6-5}$$

**3. 参比电极的重现性**

Mn/MnO$_2$ 电极活化之后，需要测试其重现性。将同批次制备的 4 个 Mn/MnO$_2$ 电极同时放入氯离子浓度为 0.1mol/L 的饱和氢氧化钙溶液中，每隔 7d 测试 Mn/MnO$_2$ 电极相对于饱和甘汞电极的电位，每个电极测试 3 次取平均值，结果如图 6-38 所示。从图中可以看出，4 个 Mn/MnO$_2$ 电极的电位几乎相同，电位偏差非常小，考虑到饱和甘汞电极本身的电位漂移以及浸泡溶液浓度的微小变化对测试结果的影响，可以认为所制备的 Mn/MnO$_2$ 电极具有良好的重现性。

### 6.3.3 外界环境作用对 Mn/MnO$_2$ 参比电极性能的影响

**1. 温度对参比电极性能的影响**

将活化后的 Mn/MnO$_2$ 电极浸泡在饱和氢氧化钙溶液中，然后将容器放入不同温度的水浴锅中，测量 Mn/MnO$_2$ 电极电位随温度的变化，结果如图 6-39 所示。从图中可以看出，Mn/MnO$_2$ 电极在 5~65℃ 范围内，电极电位随着温度的升高线性增加，温度修正系数为 0.2513mV/℃。所以，Mn/MnO$_2$ 电极在实际使用过程中，需要进行温度修正。

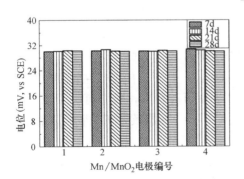

图 6-38　4 个 Mn/MnO$_2$ 电极在
模拟溶液中的电位响应

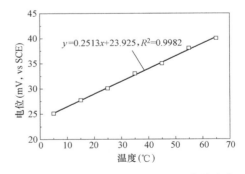

图 6-39　Mn/MnO$_2$ 电极电位随温度的变化

**2. 环境 pH 值对参比电极性能的影响**

采用 Britton-Robinson 缓冲溶液配制方法配制 pH 值为 8.36~13 的溶液。在 100mL 浓度均为 0.04mol/L 的磷酸、硼酸以及醋酸的混合溶液中，加入不同体积浓度为

0.2mol/L 的 NaOH 溶液来调节混合溶液的 pH 值。不同 pH 值溶液中 Mn/MnO₂ 电极电位值如图 6-40 所示。从图中可以看出，pH 值对活化后的 Mn/MnO₂ 电极电位测试结果没有影响。所以，Mn/MnO₂ 电极在实际使用过程中，不需要进行 pH 值修正。

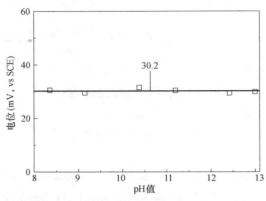

图 6-40　pH 值对 Mn/MnO₂ 电极电位的影响

## 6.4　固态氯离子传感器在水泥基材料中的应用

### 6.4.1　固态氯离子传感器制备

以恒电流极化法制备的 Ag/AgCl 固态电极作为工作电极，以物理粉压法制备的 Mn/MnO₂ 固态电极作为参比电极，组成氯离子传感器，测试其在混凝土模拟孔溶液和砂浆中的相关性能。

### 6.4.2　氯离子传感器在模拟孔溶液中的性能

1. 氯离子传感器的响应时间

氯离子传感器的响应时间是指将 Ag/AgCl 工作电极与 Mn/MnO₂ 参比电极一起放入被测溶液中，直到电极电位达到平衡电位所用的时间。响应时间反映了氯离子传感器对氯离子的反应灵敏度，是检验氯离子传感器性能的重要参数。氯离子传感器在不同氯离子浓度混凝土模拟孔溶液中的响应时间如表 6-3 所示。从表中可以看出，随着氯离子浓度的增加，响应时间变短。当氯离子浓度为 1mol/L 时，氯离子传感器读数 5s 即可达到稳定。即便氯离子浓度降低到 0.001mol/L，氯离子传感器的响应时间也只有 30s。这表明所制备的氯离子传感器灵敏度较高。导致氯离子传感器响应时间不同的原因是不同浓度溶液中的离子活度不同。在氯离子浓度较高的模拟溶液中，离子活度大，所以氯离子传感器响应时间较短。

氯离子传感器在不同氯离子浓度混凝土模拟孔溶液中的响应时间　　　　表 6-3

| 氯离子浓度（mol/L） | 1 | 0.5 | 0.1 | 0.01 | 0.001 |
|---|---|---|---|---|---|
| 响应时间（s） | 5 | 8 | 10 | 24 | 30 |

2. 氯离子传感器的稳定性

采用 Princeton VersaSTAT 3 电化学工作站三电极体系测试氯离子传感器的开路电位,评价氯离子传感器的稳定性。测试过程中,Ag/AgCl 工作电极与电化学工作电极用导线相连,$Mn/MnO_2$ 参比电极与参比电极用导线相连,铂电极与辅助电极用导线相连。测试结果如图 6-41 所示。从图中可以看出,随着时间的延长,氯离子传感器的电位趋于稳定。氯离子传感器在低浓度模拟溶液中的电位波动较大,需要较长的时间才能趋于稳定。而当氯离子浓度较高时,氯离子传感器很快就会趋于稳定。这是因为 Ag/AgCl 工作电极的电位与溶液中氯离子浓度有关,电极在溶液中离子平衡和稳定性的建立需要一定的时间。所以,使用本方法制备的氯离子传感器在使用之前必须经过 35d 以上的活化,活化溶液可以选用氯离子浓度为 0.001mol/L 的混凝土模拟孔溶液。

3. 氯离子传感器的重现性

氯离子传感器活化之后,测试其重现性。将 4 个氯离子传感器放入氯离子浓度为 0.001mol/L 的混凝土模拟孔溶液中测试所有电极 7d、14d、21d、28d 的电极电位,结果如图 6-42 所示。从图中可以看出,不同氯离子传感器在同一测试时间的电位几乎相同,同一氯离子传感器在不同测试时间的电位也基本一致。表明采用本方法制备的氯离子传感器重现性良好,可实现批量制备。

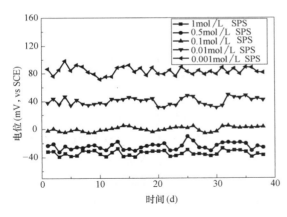

图 6-41 氯离子传感器在不同氯离子浓度混凝土模拟孔溶液中的电位-时间曲线

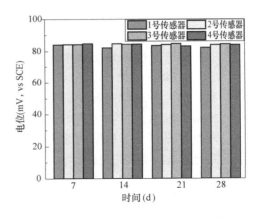

图 6-42 氯离子传感器在氯离子浓度为 0.001mol/L 的混凝土模拟孔溶液中的电位响应

4. 氯离子传感器的能斯特方程

Ag/AgCl 工作电极属于第二类电极。由能斯特方程可知,任意温度条件下 Ag/AgCl 工作电极电位值与溶液中氯离子浓度负对数成线性关系。将氯离子传感器放入不同氯离子浓度混凝土模拟孔溶液中,测试得到不同氯离子浓度情况下的氯离子传感器电位,如图 6-43 所示。从图中可以看出,随着氯离子浓度对数的增大,氯离子传感器的电位线性减小,线性相关系数为 0.9977。表明所制备的氯离子传感器测量精度非常高。

## 6.4.3 氯离子传感器在砂浆中的性能

将氯离子传感器埋入水灰比为 0.6 的砂浆中,测试其在砂浆中的性能。在砂浆搅拌过程中，内掺一定量的 NaCl（占水泥质量的 0.330%、0.659%、0.989%、1.318%、1.977%、2.637%，换算为氯离子质量百分比为 0.2%、0.4%、0.6%、0.8%、1.2%、1.6%）。在浇筑砂浆之前，将氯离子传感器固定在砂浆试块的中间，如图 6-44 所示（图中的小玻璃杯内为电极活化溶液，浇筑砂浆的时候会取出，模具上缠绕铁丝是为了固定氯离子传感器）。

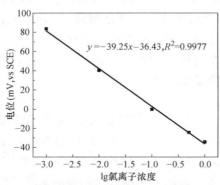

图 6-43　氯离子传感器在混凝土模拟孔溶液中的能斯特方程曲线

图 6-44　氯离子传感器埋入砂浆试块过程

### 1. 氯离子传感器的稳定性

不同氯离子含量砂浆试块中氯离子传感器电位-时间曲线如图 6-45 所示。从图中可以看出，在砂浆试块成型早期，所有氯离子传感器的电位值均随时间发生变化。原因如下：水泥在水化过程中，不断生成 $Ca(OH)_2$，所以砂浆孔溶液的 pH 值不断增大，并趋于稳定。恒电流极化法制备的 Ag/AgCl 工作电极随 pH 值的变化而发生变化。另外，氯离子在砂浆内部不仅能够物理吸附到水化产物——水化硅酸钙表面，而且还能与水化硅酸钙发生化学反应，生成 Friedel 盐，导致砂浆成型早期其内部的氯离子含量也发生变化。上述两个原因导致砂浆成型早期其内部的氯离子传感器读数随时间发生变化。但是，水泥硬化之后，氯离子传感器的电位逐渐趋于稳定，表现出良好的稳定性。

### 2. 氯离子传感器的能斯特方程

如前所述，虽然已知加入砂浆的氯化钠用量，但是在水泥水化过程中，部分氯离子与水化产物发生物理吸附和化学结合，使得孔溶液中的氯离子含量发生变化。所以，要建立氯离子传感器的能斯特方程，需要实测砂浆内部的氯离子含量。待氯离子传感器电位稳定后，对砂浆试块进行切割，并用钻头钻取氯离子传感器位置的砂浆粉末。并用化学滴定法测出所有砂浆试块中的氯离子含量。氯离子传感器电位与氯离子含量负对数之间的关系如图 6-46 所示。从图中可以看出，氯离子传感器电位与氯离子含量线性相关，符合能斯特方程。这充分表明，所制备的氯离子传感器可以用于原位测试水泥基材料中的氯离子含量。然而，氯离子传感器可能还会受到温度、pH 值以及混凝土饱和度的影响，需要进一步开展研究，建立温度、pH 值和混凝土饱和度修正方程，提高氯离子传感器在实际应用中的测量精度。

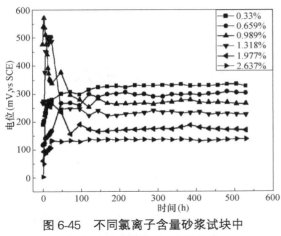

图 6-45　不同氯离子含量砂浆试块中
氯离子传感器电位-时间曲线

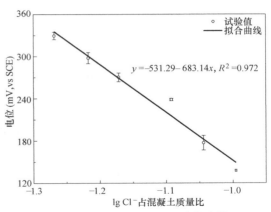

图 6-46　氯离子传感器在砂浆中的
能斯特方程曲线

## 本章参考文献

[1]　宋世德，李鹏，周卫杰，等. 一种基于光纤布拉格光栅的金属腐蚀传感器 [J]. 光电子·激光，2015 (10)：1866-1872.

[2]　孙耿华. 基于光纤传感器的混凝土氯离子浓度检测技术研究 [D]. 天津大学，2017.

[3]　Pargar F，Kolev H，Koleva D A，et al. Microstructure, surface chemistry and electrochemical response of Ag/AgCl sensors in alkaline media [J]. Journal of Materials Science, 2018, 53 (10)：7527-7550.

[4]　Pargar F，Koleva D A，Van Breugel K. Determination of Chloride Content in Cementitious Materials：From Fundamental Aspects to Application of Ag/AgCl Chloride Sensors [J]. Sensors, 2017, 17 (11)：2482-2504.

[5]　Karthick S，Kwon S J，Lee H S，et al. Fabrication and evaluation of a highly durable and reliable chloride monitoring sensor for civil infrastructure [J]. RSC Adv. 2017, 7 (50)：31252-31263.

[6]　Montemor M F，Alves J H，Simões A M，et al. Multiprobe chloride sensor for in situ monitoring of reinforced concrete structures [J]. Cement & Concrete Composites, 2006, 28 (3)：233-236.

[7]　卢爽. 基于内置多元传感器监测钢筋混凝土结构腐蚀状态研究 [D]. 哈尔滨工业大学，2010.

[8]　张雯昭，张新坤. Ag/AgCl 电极的制备与性能测试 [J]. 华北理工大学学报（自然科学版），2016, 3：53-57.

[9]　张清，李萍，白真权. Ag/AgCl 高温参比电极的制备 [J]. 应用科技，2005, 32 (6)：62-63.

[10]　尹鹏飞，马长江，许立坤. 工程用 Ag/AgCl 参比电极性能对比研究 [J]. 装备环境工程，2011, 08 (3)：27-29.

[11]　辛永磊，许立坤，尹鹏飞，等. 全固态 Ag/AgCl 参比电极电位稳定性的影响因素 [J]. 中国腐蚀与防护学报，2013, 33 (3)：231-234.

[12]　李振垒. 可埋入混凝土氯离子传感器研究 [D]. 青岛理工大学，2014.

[13]　曹承伟. $AgCl-MnO_2$ 氯离子传感器制备及性能表征 [D]. 青岛理工大学，2016.

# 第7章 混凝土内部 pH 值原位监测技术

混凝土内部的 pH 值通常大于 12，在这种高碱性环境中其内部的钢筋表面会形成一层致密的钝化膜。而大气中的二氧化碳会与水泥水化产物氢氧化钙发生反应生成碳酸钙，导致混凝土内部 pH 值降低。一些工业环境通常含有酸性气体，这也会导致混凝土的 pH 值降低。当混凝土孔溶液的 pH 值低于 9 时钢筋钝化膜发生破坏，引起钢筋锈蚀。另外，从第 6 章的研究结果可以看出，氯离子传感器的测试结果受 pH 值的影响。所以，从混凝土中性化和氯离子侵蚀原位监测的角度，有必要对混凝土内部的 pH 值进行原位监测。研究人员最常用的测试混凝土孔溶液 pH 值的方法是固液萃取法和挤压孔溶液法。然而，这两种方法都属于破坏性方法，无法对混凝土内部的 pH 值进行实时监测。因此，发展可埋入式混凝土用 pH 传感器对于混凝土耐久性研究具有重要意义。pH 传感器是研究最早的化学传感器之一。最早应用的 pH 电极是氢电极，随着科研水平的提高，玻璃电极、氢醌电极、金属/金属氧化物电极等陆续研制成功。其中，金属/金属氧化物电极具有内阻小、响应快、机械强度高、稳定性高、可微型化等特点，是目前 pH 电极的主要研究方向之一。金属/金属氧化物电极反应的实质是金属氧化物发生有氢离子参与的还原反应，电极的反应符合能斯特方程。可以根据参与反应的电子数以及反应历程求出 $E$-pH 线性方程，其斜率由电极反应历程决定。目前研究主要集中在第 4～6 周期的少数元素，最多的是对第 6 周期的铂族元素的研究。金属/金属氧化物电极制备方法有溅射法、电化学循环伏安法、热氧化法等。目前被用来制作 pH 电极的金属氧化物包括 $IrO_X$、$PbO_2$、$OsO_2$、$TiO_2$、$WO_3$、$PtO_2$、$Sb_2O_3$ 和 $RuO_2$ 等[1-9]。$IrO_X$ 电极由于具有较宽的 pH 响应范围、较快的反应速度以及可以在高温高压环境中使用等特点，被认为是最适合作为 pH 电极的金属氧化物材料。$IrO_X$ 电极的制备方法主要有电化学生长法、电化学沉积法、溅射法和高温氧化法。

青岛理工大学海洋环境混凝土技术创新团队采用电化学沉积法和高温碳酸盐氧化法制备了氧化铱 pH 电极，并系统地研究了沉积电流密度、氧化温度、碳酸盐种类对氧化铱 pH 电极性能的影响。并以高温碳酸锂氧化法制备的 pH 电极作为工作电极，以物理粉压法制备的 $Mn/MnO_2$ 固态电极作为参比电极，组成固态 pH 传感器，测试其在混凝土模拟孔溶液和砂浆中的相关性能。为实现混凝土内部 pH 值的原位动态监测提供技术支持。

## 7.1 电化学沉积法制备氧化铱 pH 电极

### 7.1.1 电极制备

（1）沉积基体选择和处理

因为金属铂导电性能优异，且惰性较石墨更好，所以本试验采用铂丝作为沉积基体。

铂丝用细度为 2000 目的碳化硅砂纸进行打磨，然后依次用无水乙醇、去离子水清洗，擦干后置于干燥器中保存。

（2）沉积液的配制

将 0.15g $IrCl_4 \cdot H_2O$ 溶于 100mL 蒸馏水中。室温下用磁力搅拌机磁力搅拌 30min。先将 1mL 质量浓度为 30% 的 $H_2O_2$ 加入溶液中磁力搅拌 10min，然后将 0.15g 草酸加入溶液中磁力搅拌 10min。最后使用 $K_2CO_3$ 调节混合溶液的 pH 值至 10.5，得到金黄色的沉积液。新配制的沉积液在干燥避光处放置 2d 后，沉积液转变成蓝黑色。

（3）电极制备

使用 Princeton VersaSTAT 3 电化学工作站，沉积体系为三电极体系。工作电极为沉积基体铂丝，参比电极为饱和甘汞电极（SCE），辅助电极为铂片电极。将三电极体系浸入制备的沉积液中，然后在室温下对电极通电 40min，所采用的沉积电流密度分别为 $0.16mA/cm^2$、$1mA/cm^2$、$2mA/cm^2$ 和 $3mA/cm^2$。每沉积一个电极，更换新的沉积液。恒电流沉积结束后，用蒸馏水对工作电极进行洗涤，冷风吹干，放入真空干燥箱中保存。

## 7.1.2 沉积电流密度对 pH 电极微结构的影响

pH 电极的微结构对电极的性能有很大影响。图 7-1 为不同沉积电流密度下制备的 pH 电极表面 SEM 和 EDS 图。从图中可以看出，$0.16mA/cm^2$ 沉积电流密度下制备的 pH 电极表面平整均匀，覆盖完整，呈现出"泥裂"状形貌。EDS 能谱显示，黑色的沉积物主要由 Ir、C、O 元素组成，推测其成分主要为氧化铱，C 元素可能来源于沉积液中的 $K_2CO_3$。随着电流密度增大，沉积产物生长速率也增加。$1mA/cm^2$ 沉积电流密度下制备的 pH 电极表面粗糙，呈现出高低起伏的表面形貌，表面有几微米到几十微米分布不均的沉积物，沉积层覆盖的也比较完整，没有出现泥裂状的形貌。表面长条状的白色覆盖物通过 EDS 能谱分析推测其为 $K_2CO_3$。$2mA/cm^2$ 沉积电流密度下制备的 pH 电极表面比较均匀，沉积层覆盖完整，表面分布着 $1\sim10\mu m$ 大小的颗粒物，EDS 能谱分析显示该颗粒

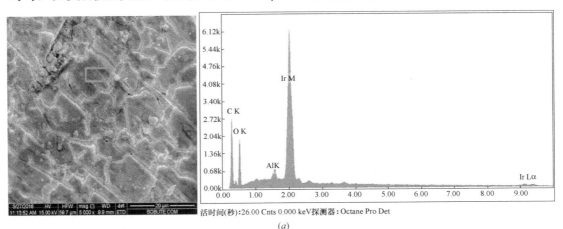

图 7-1 沉积电流密度对 pH 电极微结构的影响（一）

($a$) $0.16mA/cm^2$

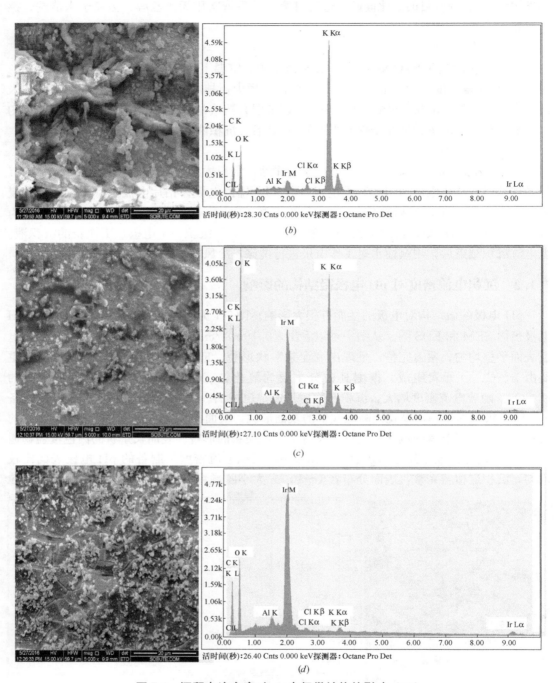

图 7-1　沉积电流密度对 pH 电极微结构的影响（二）

（$b$）1mA/cm²；（$c$）2mA/cm²；（$d$）3mA/cm²

物为 $K_2CO_3$。随着沉积电流密度的增大，3mA/cm² 沉积电流密度下制备的 pH 电极表面附着的白色颗粒越来越多，且粒径也在变小，尺寸多在 1μm 以下。这说明随着沉积电流密度的增加电极表面附着的 $K_2CO_3$ 也在增加。

### 7.1.3 沉积电流密度对 pH 电极响应时间的影响

pH 电极的响应时间是指将 pH 电极与饱和甘汞电极一起放入被测溶液中，直到电极电位达到平衡电位所用的时间。响应时间反映了 pH 电极的反应灵敏度，是检验 pH 电极性能的重要参数。根据 IUPAC 标准，当 pH 电极电位的变化率降低到小于 1mV/min 时，被认为是稳定状态[10]，该时间即为 pH 电极的响应时间。图 7-2 为不同沉积电流密度下制备的 pH 电极电位随测试时间的变化曲线。从图中可以看出，0.16mA/cm², 1mA/cm², 2mA/cm², 3mA/cm² 沉积电流密度下制备的 pH 电极在不同 pH 值测试液中的平均响应时间分别为 73s、67s、170s、214s。大沉积电流密度下制备的 pH 电极响应时间较长，而且电极的稳定性不如小沉积电流密度下制备的 pH 电极。这是因为大沉积电流密度下沉积层的沉积速度较快，沉积膜厚度增加，导致沉积膜的成膜质量低，存在裂缝、孔洞等缺陷，造成电极和溶液的反应时间延长[11]。1mA/cm² 沉积电流密度下制备的 pH 电极响应速度最快，这是因为其高低起伏的粗糙表面形貌为电极与溶液的反应提供了更多的活性点[12]。

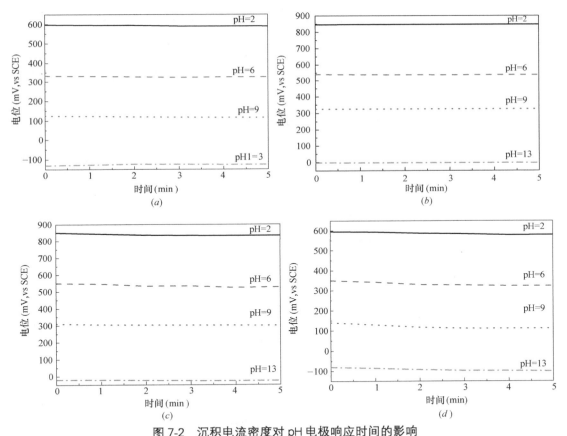

图 7-2　沉积电流密度对 pH 电极响应时间的影响
(*a*) 0.16mA/cm²；(*b*) 1mA/cm²；(*c*) 2mA/cm²；(*d*) 3mA/cm²

### 7.1.4 沉积电流密度对 pH 电极稳定性的影响

pH 电极的稳定性通常指通过一段时间的电位测量，pH 电极电位稳定在误差允许范围内的性能。稳定性是衡量 pH 电极性能的一个重要指标，大多数电化学电极存在电位漂移的问题，需要足够的老化时间，确保 pH 电极电位的稳定。由图 7-3 可以看出，不同沉积电流密度下制备的 pH 电极在饱和 Ca(OH)$_2$ 溶液中，电位向减小方向移动，最终趋于稳定。0.16mA/cm$^2$ 沉积电流密度下制备的 pH 电极电位漂移最大，15d 达到了 170mV 左右。1mA/cm$^2$ 沉积电流密度下制备的 pH 电极在前 3d 电位漂移较大，趋于稳定的时间较快。这种电极电位随时间下降的现象被称为电极的老化。Hitchman 等[13] 认为这种现象是由于电极制备条件等方面的制约，导致电极表面低价态的铱化合物和高价态的铱化合物之间没有达到一种平衡状态，电极电位漂移的过程就是高低价态的铱化合物之间的平衡过程，等完成这个平衡过程，电极电位就会达到稳定状态。

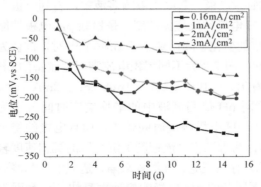

图 7-3　沉积电流密度对 pH 电极稳定性的影响

在电极长期稳定性的试验过程中，该种方法制备的 pH 电极沉积层和基体间的结合力较差，电极在保存过程中沉积层非常容易脱落，电极寿命较短。可采取措施，增强 pH 电极沉积层和基体间的结合力。

### 7.1.5　沉积电流密度对 pH 电极能斯特响应的影响

对于氧化铱 pH 电极，其 pH 响应机理为电极表面金属氧化物发生了得失电子的氧化还原反应，并且 H$^+$ 参与其中。根据能斯特方程，电极的平衡电位和 pH 值成正比，即 $E$-pH 标定曲线理论上为一条直线。不同沉积电流密度下制备的 pH 电极能斯特响应曲线如图 7-4 和表 7-1 所示。很明显，各沉积电流密度下制备的 pH 电极在 pH＝1～13 的测试液中具有良好的相关度，相关系数均超过了 0.997。能斯特响应曲线的斜率通常也被称作 pH 电极的灵敏度，斜率越大意味着 pH 值变化相同的情况下，电极的电位变化越大。各沉积电流密度下制备

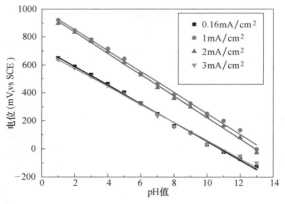

图 7-4　沉积电流密度对 pH 电极能斯特响应的影响

的 pH 电极灵敏度都超过了 59mV/pH，表现出超能斯特响应现象。Burke 等[14] 提出电化学沉积法制备的 pH 电极表面发生的反应如式（7-1）所示。

$$[Ir_2O_3(OH)_3 \cdot 3H_2O]^{3-} + 3H_2O \Longrightarrow 2[IrO_2(OH)_2 \cdot 2H_2O]^{2-} + 3H^+ + 2e^- \qquad (7-1)$$

由于 pH 电极表面发生的反应电子转移数为 3/2 个，导致电极出现超能斯特响应。不同沉积电流密度下制备的 pH 电极灵敏度有所差异，表明电极表面电子转移的化学计量数不同。2mA/cm$^2$ 沉积电流密度下制备的 pH 电极灵敏度最大，为 76.46mV/pH，1mA/cm$^2$ 沉积电流

密度下制备的 pH 电极灵敏度略小一些，为 74.91mV/pH，其截距达到了 1001.43mV。

**不同沉积电流密度下制备的 pH 电极能斯特响应曲线特征参数** 表 7-1

| 电极 | 斜率(灵敏度)(mV/pH) | 截距 $E^0$(mV) | 相关系数 $R^2$ |
|---|---|---|---|
| 0.16mA/cm² | −66.98 | 722.83 | 0.998 |
| 1mA/cm² | −74.91 | 1001.43 | 0.998 |
| 2mA/cm² | −76.46 | 987.90 | 0.998 |
| 3mA/cm² | −64.61 | 703.07 | 0.997 |

## 7.2 高温碳酸钠氧化法制备氧化铱 pH 电极

### 7.2.1 电极制备

将铱丝（直径 0.5mm，纯度 99.9%，长 10mm）在 6mol/L 的 HCl 中超声清洗 30min，依次用无水乙醇和蒸馏水清洗干净，在 100℃真空干燥箱中烘干 1h。将铱丝置于内部贴有金箔纸的刚玉坩埚中，用碳酸钠覆盖住铱丝，在高温电阻炉中以 10℃/min 的速度升温至目标温度，并恒温 5h（见表 7-2）。炉内温度降到室温后，取出坩埚，用 1mol/L 的 HCl 溶解烧结后的碳酸盐。将氧化后的铱丝在 100℃的真空干燥箱中烘干 12h，用刀片刮掉一端约 1mm 的氧化层，以铜导线焊接后用环氧树脂和 PVC 管将焊点密封。然后，将电极在蒸馏水中浸泡 24h。

**高温碳酸钠氧化法制备氧化铱 pH 电极相关参数** 表 7-2

| 氧化环境 | 氧化温度(℃) | 恒温时间(h) |
|---|---|---|
| Na₂CO₃ | 700 | 5 |
| | 750 | |
| | 800 | |
| | 850 | |

### 7.2.2 氧化温度对 pH 电极微结构的影响

氧化温度对高温碳酸钠氧化法制备的 pH 电极微结构的影响如图 7-5 所示。从图中可以看出，700℃制备的 pH 电极表面覆盖有颗粒状的氧化膜，分布相对较均匀，粒径在 $2 \sim 5 \mu m$ 之间，表面还有一些片状的附着物。750℃制备的 pH 电极表面氧化膜呈现出一种蜂窝式的块状分布，块状氧化膜边长约 $10 \mu m$，但是分布不太均匀，大块氧化膜的旁边还分布着 $1 \sim 3 \mu m$ 左右的氧化颗粒，这说明电极表面氧化不够均匀。800℃制备的 pH 电极表面平整，未表现出颗粒状或块状的形貌，表明电极表面氧化程度进一步下降。850℃制备的 pH 电极表面分布有片状的氧化物，可以看出有些氧化层出现分层叠加现象，电极表面零星分布有棱柱状的颗粒。对比不同温度下制备的 pH 电极表面氧化膜可以发现，随着氧化温度的升高，电极表面氧化膜颗粒的尺寸升高，分布的均匀程度下降，致密程度下降。氧化膜颗粒的大小均匀程度决定着电极表面氧化膜的表面积以及与基体结合的牢固程

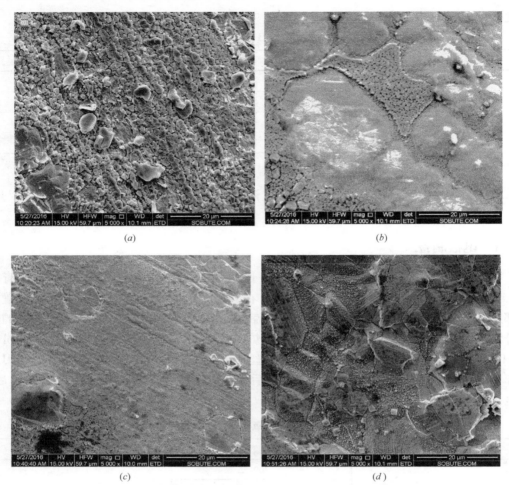

图 7-5　氧化温度对高温碳酸钠氧化法制备的 pH 电极微结构的影响

（a）700℃；（b）750℃；（c）800℃；（d）850℃

度等，进而影响电极的整体性能。对比四种温度下制备的 pH 电极，700℃制备的 pH 电极氧化膜的质量优于 750℃、800℃和 850℃制备的 pH 电极。

图 7-6 为高温碳酸钠氧化法 700℃制备的 pH 电极 EDX 谱图。从图中可以看出，700℃

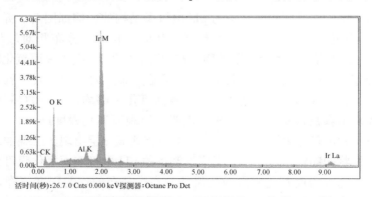

活时间(秒)：26.7 0 Cnts 0.000 keV 探测器：Octane Pro Det

图 7-6　高温碳酸钠氧化法 700℃制备的 pH 电极 EDX 谱图

制备的 pH 电极表面氧化膜主要组成元素为 Ir、O。因此氧化膜的主要成分为氧化铱。

### 7.2.3 氧化温度对 pH 电极响应时间的影响

氧化温度对高温碳酸钠氧化法制备的 pH 电极响应时间的影响如图 7-7 所示。从图中可以看出，高温碳酸钠氧化法制备的 pH 电极响应时间较电化学沉积法制备的 pH 电极响应时间要长，700℃制备的 pH 电极在酸性和中性环境下的响应时间在 3min 左右，碱性环境下的响应时间超过 5min。750℃和 800℃制备的 pH 电极响应时间也有类似的趋势。850℃制备的 pH 电极在酸性、中性和碱性环境下的响应时间都超过了 5min。不同温度下制备的 pH 电极有一个共同的特点就是在碱性环境下响应时间会变长，稳定性下降。这也说明高温碳酸钠氧化法制备的 pH 电极氧化膜质量不高，存在裂缝、孔洞等缺陷，导致电极稳定性差，响应时间较长。

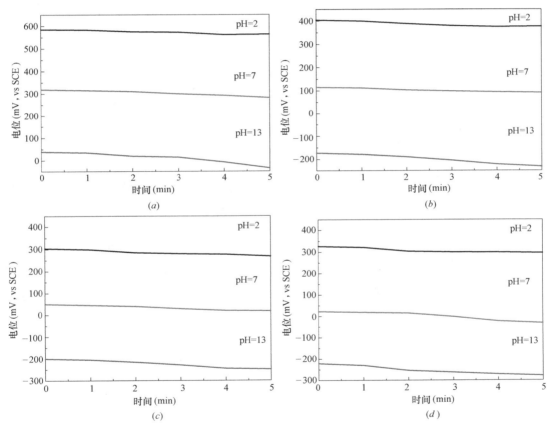

图 7-7　氧化温度对高温碳酸钠氧化法制备的 pH 电极响应时间的影响
(*a*) 700℃；(*b*) 750℃；(*c*) 800℃；(*d*) 850℃

### 7.2.4 氧化温度对 pH 电极稳定性的影响

图 7-8 是在 pH＝6.86 的标准缓冲溶液中，在 700℃、750℃、800℃、850℃下高温碳酸钠氧化法制备的 pH 电极的开路电位随时间的变化曲线。被测电极每隔 24h 测一次开路

电位，连续测量 30d。从图中可以看出，几种温度下制备的 pH 电极开路电位都随着老化时间的延长而逐渐减小，这种变化趋势和电化学沉积法制备的 pH 电极类似。800℃、850℃制备的 pH 电极稳定性较差，在连续 30d 的测量中电极电位一直处于下降趋势。700℃、750℃制备的 pH 电极的开路电位也存在减小的趋势，但是在大约 15d 后，开路电位随着时间的变化则愈来愈趋于稳定，直至达到几乎稳定的状态。

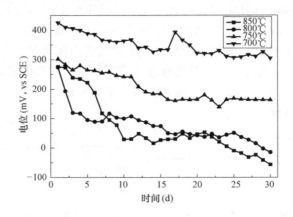

图 7-8　氧化温度对高温碳酸钠氧化法制备的 pH 电极稳定性的影响

## 7.2.5　氧化温度对 pH 电极能斯特响应的影响

氧化温度对高温碳酸钠氧化法制备的 pH 电极能斯特响应的影响如图 7-9 和表 7-3 所示。从图 7-9 和表 7-3 可以看出，700℃制备的 pH 电极和 750℃、850℃制备的 pH 电极灵敏度相似，均在 50mV/pH 以上，800℃制备的 pH 电极灵敏度稍低，为 45.72mV/pH。700℃制备的 pH 电极截距最大为 661.57mV，800℃制备的 pH 电极截距最小为 351.58mV。不同温度下制备的 pH 电极能斯特曲线线性相关系数都在 0.97 以上，基本符合能斯特方程，其中 850℃制备的 pH 电极线性相关度最差，为 0.976。750℃制备的 pH 电极线性相关度较高，为 0.999。

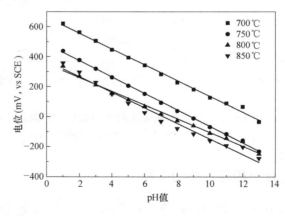

图 7-9　氧化温度对高温碳酸钠氧化法制备的 pH 电极能斯特响应的影响

高温碳酸钠氧化法不同温度下制备的 pH 电极能斯特响应的数据　表 7-3

| 电极 | 斜率(mV/pH) | 截距 $E^0$(mV) | 相关系数 $R^2$ |
|---|---|---|---|
| 700℃ | −52.69 | 661.57 | 0.995 |
| 750℃ | −54.85 | 483.58 | 0.999 |
| 800℃ | −45.72 | 351.58 | 0.991 |
| 850℃ | −51.84 | 369.52 | 0.976 |

# 7.3 高温碳酸锂加过氧化钠氧化法制备氧化铱 pH 电极

## 7.3.1 电极制备

将铱丝（直径 0.5mm，纯度 99.9%，长 10mm）在 6mol/L 的 HCl 中超声清洗 30min，依次用无水乙醇和蒸馏水清洗干净，在 100℃真空干燥箱中烘干 1h。将铱丝置于内部贴有金箔纸的刚玉坩埚中，用碳酸锂与过氧化钠混合粉末覆盖住铱丝，在高温电阻炉中以 10℃/min 的速度升温至目标温度，并恒温 5h（见表 7-4）。炉内温度降到室温后，取出坩埚，用 1mol/L 的 HCl 溶解烧结后的碳酸盐。将氧化后的铱丝在 100℃的真空干燥箱中烘干 12h，用刀片刮掉一端约 1mm 的氧化层，以铜导线焊接后用环氧树脂和 PVC 管将焊点密封。然后，将电极在蒸馏水中浸泡 24h。

高温碳酸锂加过氧化钠氧化法制备氧化铱 pH 电极相关参数　表 7-4

| 氧化环境 | 氧化温度(℃) | 恒温时间(h) |
|---|---|---|
| $Li_2CO_3 + Na_2O_2$<br>（摩尔比 9：1） | 750<br>800<br>850 | 5 |

## 7.3.2 氧化温度对 pH 电极微结构的影响

三种氧化温度下制备的 pH 电极表面的 SEM 图如图 7-10 所示。从图中可以看出，

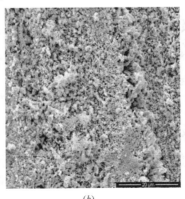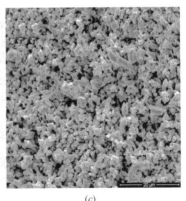

(a)　　　　　　　　　　(b)　　　　　　　　　　(c)

图 7-10　氧化温度对高温碳酸锂加过氧化钠氧化法制备的 pH 电极微结构的影响
(a) 750℃；(b) 800℃；(c) 850℃

750℃制备的 pH 电极表面颗粒均匀致密，粒径较小。800℃制备的 pH 电极表面颗粒均匀程度下降，可以明显观察到电极表面出现裂缝。850℃制备的 pH 电极表面颗粒较大，致密度比 800℃制备的 pH 电极要好但是不如 750℃制备的 pH 电极。随着氧化温度的提高电极表面颗粒尺寸变大，氧化膜的致密程度下降，三种温度中 750℃制备的 pH 电极氧化膜质量最好。

### 7.3.3　氧化温度对 pH 电极响应时间的影响

氧化温度对高温碳酸锂加过氧化钠氧化法制备的 pH 电极响应时间的影响如图 7-11 所示。从图中可以看出，750℃和 800℃制备的 pH 电极在酸性和碱性溶液中响应较快，响应时间小于 5s。850℃制备的 pH 电极在 pH＝7 的溶液中和饱和 Ca(OH)$_2$ 溶液中响应时间超过了 300s。Kim 等[12] 认为电极响应时间可能与电极表面形貌有关，粗糙松散的电极表面需要更长的反应时间，电极电位稳定所需要的时间就越长。850℃制备的 pH 电极表面颗粒较大，颗粒均匀性不如 750℃和 800℃制备的 pH 电极，所示 850℃制备的 pH 电极响应时间更长。

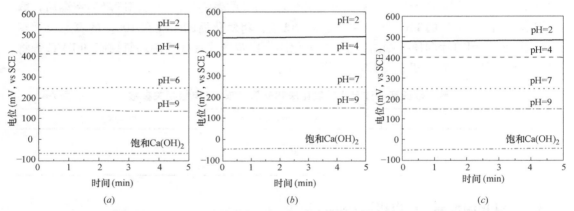

图 7-11　氧化温度对高温碳酸锂加过氧化钠氧化法制备的 pH 电极响应时间的影响

(*a*) 750℃；(*b*) 800℃；(*c*) 850℃

### 7.3.4　氧化温度对 pH 电极稳定性的影响

将 750℃制备的 pH 电极浸泡在饱和 Ca(OH)$_2$ 溶液中，测试其长期稳定性，如图 7-12 所示。新制备的 pH 电极在浸泡前 20d 电极电位呈现明显下降趋势。20d 以后电极电位趋于稳定，电极电位波动小于 10mV，说明老化后的电极具有非常好的稳定性。

### 7.3.5　氧化温度对 pH 电极能斯特响应的影响

氧化温度对高温碳酸锂加过氧化钠氧化法制备的 pH 电极能斯特响应的影响如图 7-13 和表 7-5 所示。从图 7-13 和表 7-5 可以看出，随着氧化温度的提高，电极的斜率呈下降趋势，表明 pH 电极的灵敏度有所降低。并且其截距以及电位与 pH 值的线性相关度也有所下降。通过对比可以看出，750℃制备的 pH 电极能斯特响应效果优于 800℃和 850℃制备的 pH 电极。

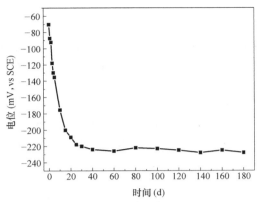

图 7-12 高温碳酸锂加过氧化钠
氧化法 750℃ 制备的 pH 电极在饱和
Ca(OH)$_2$ 溶液中的电位-时间曲线

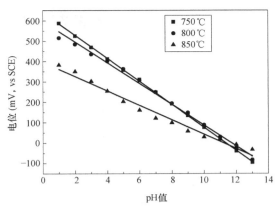

图 7-13 氧化温度对高温碳酸锂加过氧化
钠氧化法制备的 pH 电极能
斯特响应的影响

高温碳酸锂加过氧化钠氧化法不同温度下制备的 pH 电极能斯特响应的数据　表 7-5

| 电极 | 斜率(mV/pH) | 截距 $E^0$(mV) | 相关系数 $R^2$ |
|---|---|---|---|
| 750℃ | −56.52 | 641.76 | 0.999 |
| 800℃ | −50.70 | 593.95 | 0.995 |
| 850℃ | −35.34 | 396.50 | 0.978 |

# 7.4 高温碳酸锂氧化法制备氧化铱 pH 电极

## 7.4.1 电极制备

将铱丝（直径 0.5mm，纯度 99.9%，长 10mm）在 6mol/L 的 HCl 中超声清洗 30min，依次用无水乙醇和蒸馏水清洗干净，在 100℃ 真空干燥箱中烘干 1h。将铱丝置于内部贴有金箔纸的刚玉坩埚中，用碳酸锂覆盖住铱丝，在高温电阻炉中以 10℃/min 的速度升温至目标温度，并恒温 5h（见表 7-6）。炉内温度降到室温后，取出坩埚，用 1mol/L 的 HCl 溶解烧结后的碳酸盐。将氧化后的铱丝在 100℃ 的真空干燥箱中烘干 12h，用刀片刮掉一端约 1mm 的氧化层，以铜导线焊接后用环氧树脂和 PVC 管将焊点密封。然后，将电极在蒸馏水中浸泡 24h。

高温碳酸锂氧化法制备氧化铱 pH 电极相关参数　　表 7-6

| 氧化环境 | 氧化温度(℃) | 恒温时间(h) |
|---|---|---|
| Li$_2$CO$_3$ | 750 | 5 |
| | 800 | |
| | 850 | |

### 7.4.2 氧化温度对 pH 电极微结构的影响

氧化温度对高温碳酸锂氧化法制备的 pH 电极微结构的影响如图 7-14 所示。从图中可以看出，高温碳酸锂氧化法制备的氧化膜与电化学沉积法制备的"泥裂"状的氧化铱薄膜有明显的不同。750℃制备的 pH 电极表面存在微小的裂缝，颗粒大小不一致，且分布不均匀。随着氧化温度的升高，氧化膜变得更加均匀。850℃制备的 pH 电极表面颗粒分布均匀，氧化膜致密。氧化膜存在裂纹和空洞会导致 pH 电极的敏感层与电极基体间形成潜在通路，从而对 pH 响应产生不利影响。此外，750℃制备的 pH 电极氧化膜容易从基底脱落，800℃和 850℃制备的 pH 电极氧化膜与基底之间结合力强，甚至很难用刀刮掉。

$(a)$     $(b)$     $(c)$

图 7-14 氧化温度对高温碳酸锂氧化法制备的 pH 电极微结构的影响

$(a)$ 750℃；$(b)$ 800℃；$(c)$ 850℃

图 7-15 为高温碳酸锂氧化法不同温度下制备的 pH 电极表面 AFM 图。AFM 图给出的 3D 图片可以更直观地观察到电极表面颗粒的均匀程度和粒径大小。从图中可以看出，750℃制备的 pH 电极表面颗粒分布不均匀，粒径在 $1\sim3\mu m$ 之间。800℃制备的 pH 电极表面颗粒均匀性较 750℃的好一些，粒径大小约 $1\mu m$。850℃制备的 pH 电极表面颗粒分布最均匀，粒径小一些，大多在 $1\mu m$ 以下。说明高温碳酸锂氧化法制备的 pH 电极随着氧化温度的升高，表面氧化膜质量提高。该规律与高温碳酸钠氧化法、高温碳酸锂加过氧

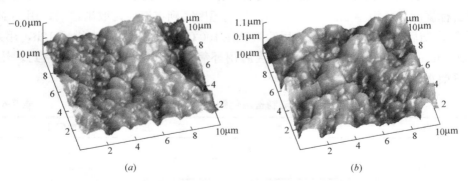

$(a)$          $(b)$

图 7-15 高温碳酸锂氧化法不同温度下制备的 pH 电极表面 AFM 图（一）

$(a)$ 750℃；$(b)$ 800℃

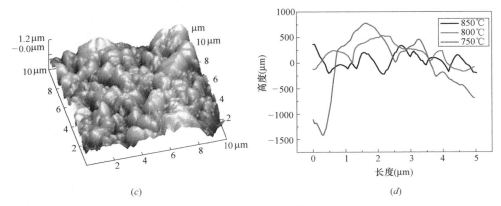

图 7-15   高温碳酸锂氧化法不同温度下制备的 pH 电极表面 AFM 图（二）

（c）850℃；（d）各电极截面分析

化钠氧化法恰恰相反。

### 7.4.3   氧化温度对 pH 电极响应时间的影响

氧化温度对高温碳酸锂氧化法制备的 pH 电极响应时间的影响如图 7-16 所示。从图中可以看出，高温碳酸锂氧化法不同温度下制备的 pH 电极在 300s 内均能达到稳定电位。根据计算，750℃制备的 pH 电极在不同 pH 值测试液中的平均响应时间为 85s，800℃制备的 pH 电极平均响应时间为 28s，850℃制备的 pH 电极平均响应时间为 19s。750℃制备的 pH 电极响应时间最长，这是由于 750℃制备的 pH 电极氧化膜存在裂缝，因此需要更多的时间和溶液进行反应。高温碳酸锂氧化法制备的 pH 电极响应时间和稳定性明显好于高温碳酸钠氧化法制备的 pH 电极，也要好于电化学沉积法制备的 pH 电极。

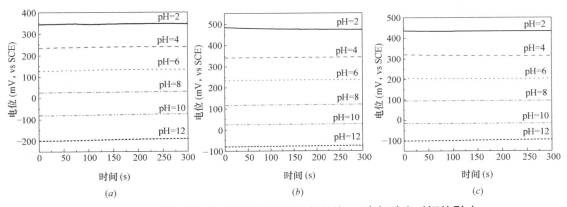

图 7-16   氧化温度对高温碳酸锂氧化法制备的 pH 电极响应时间的影响

（a）750℃；（b）800℃；（c）850℃

### 7.4.4   氧化温度对 pH 电极稳定性与能斯特响应的影响

高温碳酸锂氧化法制备的 pH 电极长期稳定性测试结果如图 7-17 和表 7-7 所示。从图 7-17 可以看出，高温碳酸锂氧化法制备的 pH 电极在一个月内三次标定中，能斯特曲线的斜率基本保持不变，但是截距 $E^0$ 呈现减少的趋势，电极电位的漂移没有影响标定曲线线性相关度。从表 7-7 可以看出，750℃制备的 pH 电极一个月内截距减少了 52mV，800℃制备的 pH 电极截距减少了 45.7mV，850℃制备的 pH 电极截距减少了 13.4mV。由此可见，高温碳酸锂氧化法制备的 pH 电极依然存在电极电位随老化时间的延长而减小的现象。850℃制备的 pH 电极的稳定性较 750℃和 800℃制备的 pH 电极要高。

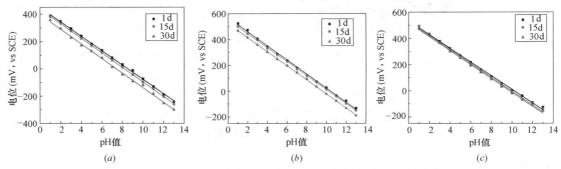

图 7-17　高温碳酸锂氧化法制备的 pH 电极长期稳定性测试结果

($a$) 750℃；($b$) 800℃；($c$) 850℃

高温碳酸锂氧化法制备的 pH 电极长期稳定性标定数据　　　　表 7-7

| 电极 | 老化龄期(d) | 斜率(mV/pH) | 截距 $E^0$(mV) | 相关系数 $R^2$ |
|---|---|---|---|---|
| 750℃ | 1 | −52.7 | 449.4 | 0.999 |
| | 15 | −53.5 | 437.8 | 0.999 |
| | 30 | −53.7 | 397.4 | 0.998 |
| 800℃ | 1 | −54.6 | 569.2 | 0.998 |
| | 15 | −54.2 | 553.8 | 0.999 |
| | 30 | −54.5 | 523.5 | 0.999 |
| 850℃ | 1 | −52.3 | 533.7 | 0.998 |
| | 15 | −53.2 | 529.8 | 0.997 |
| | 30 | −53.3 | 520.3 | 0.998 |

### 7.4.5　pH 电极老化机理

高温碳酸锂氧化法制备的 pH 电极老化前后 $E$-pH 曲线如图 7-18 所示。从图中可以看出，采用高温碳酸锂氧化法制备的 4 个 pH 电极能斯特响应曲线斜率和截距存在明显差异。表明即使在同一条件下制备的 pH 电极由于氧化程度、水化程度等方面的差异，电极的能斯特响应曲线也有所差异。然而，经过半年的老化处理，所有 pH 电极能斯特响应曲线几乎一样。表明高温碳酸锂氧化法制备的 pH 电极存在一个稳定状态，而且对于同一批次的不同 pH 电极来说这种稳定状态是一致的。

Yao 等[1] 认为氧化铱 pH 电极表面的氧化价态和水化程度与电极的稳定性密切相关。为了进一步研究高温碳酸锂氧化法制备的氧化铱 pH 电极表面的组成成分和 Ir 元素氧化价态的变化，对 850℃制备的 pH 电极在老化前后进行了 XPS 测试。XPS 的分峰采用

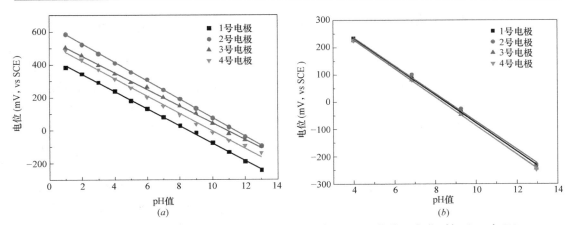

**图 7-18 高温碳酸锂氧化法制备的 pH 电极老化前后 $E$-pH 曲线(老化时间为 6 个月)**

(*a*)老化前;(*b*)老化后

XPS PEAK 软件,$Ir4f_{7/2}$ 和 $Ir4f_{5/2}$ 之间的峰间距设定在 2.95eV,峰面积比值设定为 4:3。试验中 Ir4f 谱图被分成了三个峰,如图 7-19 所示。出现在 62eV、61.25eV、61.89eV

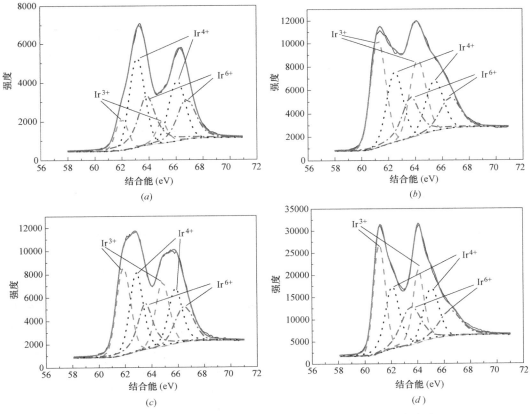

**图 7-19 高温碳酸锂氧化法 850℃ 制备的 pH 电极 Ir4f 分峰处理**

(*a*)新制备的 pH 电极;(*b*)新制备的 pH 电极经过氩离子刻蚀处理;
(*c*)老化一个月后的 pH 电极;(*d*)老化一个月后的 pH 电极经过氩离子刻蚀处理

和 61.12eV 的峰代表 $Ir^{3+}$，出现在 63eV、62.49eV、62.87eV 和 62.09eV 的峰代表 $Ir^{4+}$，出现在 63.84eV、63.65eV、63.53eV 和 63.5eV 的峰代表 $Ir^{6+}$。可以看出，$Ir^{3+}$ 和 $Ir^{4+}$ 在氩离子刻蚀前的结合能明显高于刻蚀后的结合能。这是因为 pH 电极外层氧化膜的含水量高于内层氧化膜的含水量[15]。三种铱元素的相对含量分析表明，新制备的 pH 电极经过氩离子刻蚀后 $Ir^{4+}$ 和 $Ir^{6+}$ 相对含量分别减少了 14.6% 和 16%，$Ir^{3+}$ 相对含量增加了 30.6%。表明外部氧化膜的平均氧化态高于内部氧化膜。这是因为在电极氧化过程中外部的氧化膜包裹住了内部的氧化膜，外部氧化膜被氧化剂氧化的时间更长，从而被氧化成了更高的氧化价态。对于老化后的 pH 电极，氩离子刻蚀前后 $Ir^{3+}$、$Ir^{4+}$ 和 $Ir^{6+}$ 相对含量保持相对稳定。对比新制备的 pH 电极和老化一个月后的 pH 电极发现，经过一个月老化后的 pH 电极表面氧化膜 $Ir^{3+}$ 相对含量增加了 23.9%，$Ir^{4+}$ 和 $Ir^{6+}$ 相对含量分别减少了 10.9% 和 13%。

高温碳酸锂氧化法 850℃ 制备的 pH 电极 Ir4f 物质结合能和相对含量分析　　表 7-8

| 电极 | 物质 | Ir4f$_{7/2}$ 的结合能（eV） | 相对含量（%） |
|---|---|---|---|
| 新制备的 pH 电极 | $Ir^{3+}$ | 62.00 | 13.1 |
| | $Ir^{4+}$ | 63.00 | 46.3 |
| | $Ir^{6+}$ | 63.84 | 40.6 |
| 新制备的 pH 电极经过氩离子刻蚀处理 | $Ir^{3+}$ | 61.25 | 43.7 |
| | $Ir^{4+}$ | 62.49 | 31.7 |
| | $Ir^{6+}$ | 63.65 | 24.6 |
| 老化一个月后的 pH 电极 | $Ir^{3+}$ | 61.89 | 37.0 |
| | $Ir^{4+}$ | 62.87 | 35.4 |
| | $Ir^{6+}$ | 63.53 | 27.6 |
| 老化一个月后的 pH 电极经过氩离子刻蚀处理 | $Ir^{3+}$ | 61.12 | 39.5 |
| | $Ir^{4+}$ | 62.09 | 33.2 |
| | $Ir^{6+}$ | 63.50 | 27.4 |

相关研究表明[16-17]，氧化铱 pH 电极表面的 O1s 经过分峰处理可以被分为三种含 O 物质，分别为 $(530\pm0.5)$eV 对应的 $O^{2-}$，$(531.4\pm0.5)$eV 对应的 $OH^-$，以及 $(531.4\pm0.5)$eV 对应的结合水（$H_2O$）。本试验中对 O1s 的分峰处理结果如图 7-20 所示，可以看出氧化铱 pH 电极表面包含这三种含 O 物质。通过其相对含量分析可以发现（见表 7-9），pH 电极老化前后 $OH^-$ 在含 O 物质中占比最大。但是经过氩离子刻蚀处理后 $O^{2-}$ 成为含 O 物质中相对含量最多的。$OH^-$ 是电极水化反应的产物，这说明 pH 电极氧化膜表面的水化程度要高于其内部的水化程度。新制备的 pH 电极表面也存在 $OH^-$ 和结合水（$H_2O$），表明新制备的 pH 电极在经过 HCl 处理过程中已经发生水化反应。

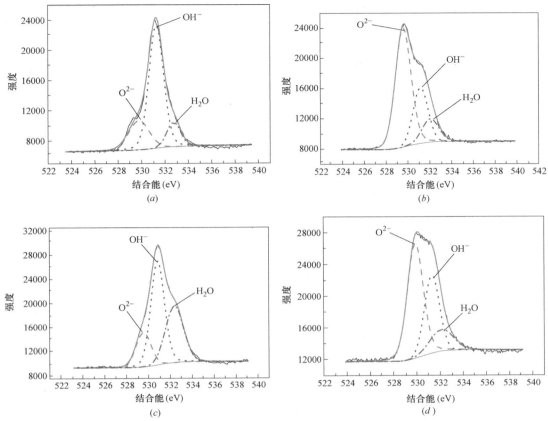

图 7-20　高温碳酸锂氧化法 850℃ 制备的 pH 电极 O1s 分峰处理

（a）新制备的 pH 电极；（b）新制备的 pH 电极经过氩离子刻蚀处理

（c）老化一个月后的 pH 电极；（d）老化一个月后的 pH 电极经过氩离子刻蚀处理

**高温碳酸锂氧化法 850℃ 制备的 pH 电极 O1s 物质结合能和相对含量分析　表 7-9**

| 电极 | 物质 | O1s 的结合能(eV) | 相对含量（%） |
|---|---|---|---|
| 新制备的 pH 电极 | $O^{2-}$ | 529.78 | 20.9 |
| | $OH^{-}$ | 531.27 | 67.4 |
| | $H_2O$ | 532.74 | 11.7 |
| 新制备的 pH 电极经过氩离子刻蚀处理 | $O^{2-}$ | 529.60 | 62.1 |
| | $OH^{-}$ | 531.17 | 25.8 |
| | $H_2O$ | 532.06 | 12.1 |
| 老化一个月后的 pH 电极 | $O^{2-}$ | 529.55 | 16.8 |
| | $OH^{-}$ | 530.90 | 49.2 |
| | $H_2O$ | 532.74 | 34.0 |
| 老化一个月后的 pH 电极经过氩离子刻蚀处理 | $O^{2-}$ | 529.90 | 53.8 |
| | $OH^{-}$ | 531.32 | 32.4 |
| | $H_2O$ | 532.15 | 13.8 |

Ir$^{3+}$ 与 Ir$^{4+}$ 的比例以及 O1s 与 Ir4f 的比例如表 7-10 所示。从表中可以看出，pH 电极经过老化后，Ir$^{3+}$/Ir$^{4+}$ 减少了 70%，O1s/Ir4f 增加了 60%。这说明氧化膜中含 Ir$^{3+}$ 的物质中 O/Ir 的比值要高于含 Ir$^{4+}$ 的物质的比值。Huang 等[18] 认为，氧化铱 pH 电极的 pH 响应机理主要受 Ir$^{3+}$ 与 Ir$^{4+}$ 的比例以及水化程度的影响，而 Ir$^{6+}$ 并不参与电极的反应，并提出了包含电极水化程度的氧化铱 pH 电极响应方程如下：

$$2\{[IrO_2(OH)_2 \cdot 2H_2O]^{2-} \cdot 2H_f^+\} + 2e^- + 2H_s^+$$
$$\rightleftharpoons [Ir_2O_3(OH)_3 \cdot 3H_2O]^{3-} \cdot 3H_f^+ + 3H_2O \tag{7-2}$$

$$
\begin{aligned}
E &= E^0 + \frac{2.303RT}{2F}\log\frac{\{[IrO_2(OH)_2 \cdot 2H_2O]^{2-} \cdot 2H_f^+\}^2 \cdot [H_s^+]^2}{[Ir_2O_3(OH)_3 \cdot 3H_2O]^{3-} \cdot 3H_f^+} \\
&= E^0 + \frac{2.303RT}{2F}\log\frac{\{[IrO_2(OH)_2 \cdot 2H_2O]^{2-} \cdot 2H_f^+\}^2}{[Ir_2O_3(OH)_3 \cdot 3H_2O]^{3-} \cdot 3H_f^+} + \frac{2.303RT}{F}\log[H_s^+] \\
&= E^0 - \frac{2.303RT}{F}pH = E^0 - 59.16pH \tag{7-3}
\end{aligned}
$$

**高温碳酸锂氧化法 850℃ 制备的 pH 电极 Ir$^{3+}$/Ir$^{4+}$ 和 O1s/Ir4f**　　　表 7-10

| 电极 | Ir$^{3+}$/Ir$^{4+}$ | O1s/Ir4f |
|---|---|---|
| 新制备的 pH 电极 | 0.3 | 7.4 |
| 新制备的 pH 电极经过氩离子刻蚀处理 | 1.4 | 3.9 |
| 老化一个月后的 pH 电极 | 1.0 | 6.8 |
| 老化一个月后的 pH 电极经过氩离子刻蚀处理 | 1.2 | 2.1 |

### 7.4.6　基于恒电压处理的 pH 电极加速老化方法

通过外加电压强制改变电极表面 Ir$^{3+}$ 与 Ir$^{4+}$ 的比例，从而使电极表面不同价态的 Ir 达到平衡，首先要选择恒电压处理的电压大小，考虑到尽量减少对电极的扰动，选择接近电极在测试液中的稳态电位作为恒电压处理的电压值。如图 7-21 所示，三个 $E$-pH 标定

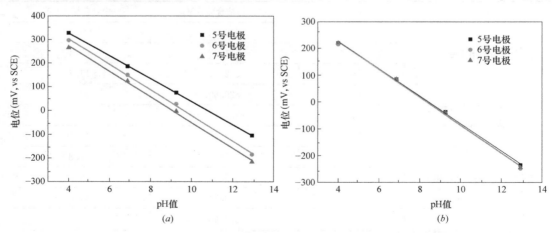

图 7-21　恒电压处理对电极 pH 响应的影响

（$a$）老化一个月后的 pH 电极恒电压处理前；（$b$）老化一个月后的 pH 电极恒电压处理后

差距较大的电极在饱和 Ca(OH)$_2$ 溶液中以 $-200\text{mV}$ 的电压恒电压处理 30min 后，$E$-pH 标定的结果几乎重合，而且其结果和电极自然老化的结果也几乎重合。这表明恒电压处理使电极能够快速老化，提前达到平衡状态。

图 7-22 为电极在饱和 Ca(OH)$_2$ 溶液中以 $-200\text{mV}$ 恒电压处理不同时间对 pH 电极响应的影响。从图中可以看出，处理时间对 pH 电极电位影响较大。电极经过 10min 处理后电位向减小的方向进行，这和电极自然老化的趋势相同，当恒电压处理进行 30min 后电极达到了平衡状态，恒电压处理 1h 的结果和 30min 基本一致，这进一步说明了电极的平衡状态是一个固定的状态，当电极达到这个平衡状态后，电位会保持稳定。

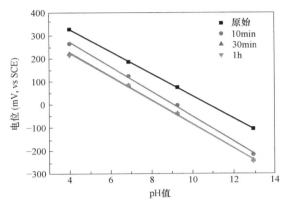

图 7-22　恒电压处理时间对 pH 电极响应的影响

## 7.5　埋入式固态 pH 传感器在水泥基材料中的应用

### 7.5.1　固态 pH 传感器制备与封装

以高温碳酸锂氧化法制备的 pH 电极作为工作电极，氧化温度为 850℃，恒温 5h，以物理粉压法制备的 Mn/MnO$_2$ 固态电极作为参比电极，组成固态 pH 传感器，测试其在混凝土模拟孔溶液和砂浆中的相关性能。为了保护氧化铱 pH 电极，防止砂浆浇筑和振捣过程中对电极造成损害，需要对氧化铱 pH 电极进行封装。封装方法如下：（1）选取长为 70mm、直径为 20mm 的 PVC 管；（2）在 PVC 管底部灌入配合比为水泥：砂：去离子水：细木屑＝48：48：19.2：2.5、厚度为 25mm 的砂浆半透膜；（3）将焊接好的氧化铱 pH 工作电极缓慢穿入刚刚初凝的半透膜中，保证工作电极完全被半透膜保护，待砂浆硬化后用环氧树脂将 PVC 管的剩余空间填充满，固定工作电极。Mn/MnO$_2$ 参比电极的封装详见 6.3.1 节。

### 7.5.2　固态 pH 传感器能斯特响应

三组固态 pH 传感器能斯特响应如图 7-23 和表 7-11 所示。从图 7-23 和表 7-11 可以看出，三组由氧化铱 pH 工作电极和 Mn/MnO$_2$ 参比电极组成的固态 pH 传感器灵敏度分别为 $-43.44\text{mV/pH}$、$-36.55\text{mV/pH}$ 和 $-43.71\text{mV/pH}$，三组固态 pH 传感器的电位与

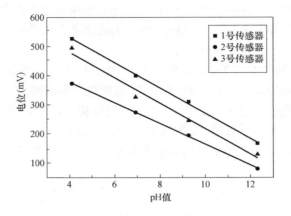

图 7-23　三组固态 pH 传感器能斯特响应

pH 值均呈线性关系。

| | | 三组固态 pH 传感器能斯特响应的数据 | 表 7-11 |
|---|---|---|---|
| 传感器 | 斜率(mV/pH) | 截距 $E^0$(mV) | 相关系数 $R^2$ |
| 1 号 | −43.44 | 706.02 | 0.998 |
| 2 号 | −36.55 | 519.98 | 0.999 |
| 3 号 | −43.71 | 654.99 | 0.999 |

### 7.5.3　干扰离子对固态 pH 传感器性能的影响

　　干扰离子对固态 pH 传感器性能的影响如图 7-24 所示。从图中可以看出，$Na^+$、$Cl^-$、$SO_4^{2-}$ 和 $Mg^{2+}$ 的加入对固态 pH 传感器的电位均没有影响。表明所制备的固态 pH 传感器具有良好的抗离子干扰能力，适合在混凝土中使用。

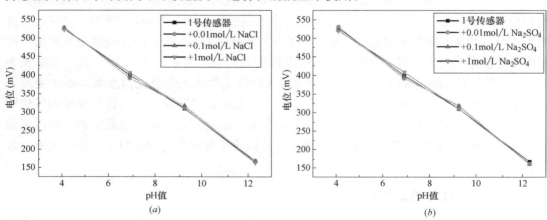

图 7-24　干扰离子对固态 pH 传感器性能的影响（一）

($a$) $Na^+$、$Cl^-$ 的影响；($b$) $SO_4^{2-}$ 的影响

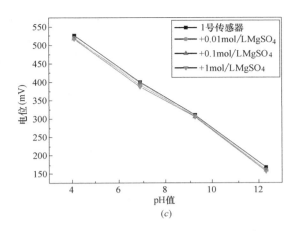

图 7-24 干扰离子对固态 pH 传感器性能的影响（二）

（c）Mg$^{2+}$ 的影响

## 7.5.4 环境温度对固态 pH 传感器性能的影响

环境温度对固态 pH 传感器性能的影响如图 7-25 和表 7-12 所示。从图 7-25 和表 7-12 可以看出，随着温度的升高，固态 pH 传感器能斯特曲线的斜率几乎不变，但截距呈现上升的趋势。由图 7-26 可知，制备的固态 pH 传感器温度影响系数为 2.19mV/℃。这是因为温度升高会增加氧化铱 pH 电极表面的离子活度，电极电位增加。所以应用过程中需要对固态 pH 传感器进行温度修正。

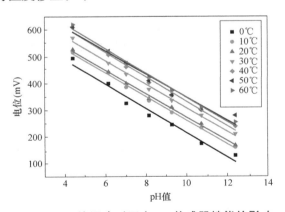

图 7-25 环境温度对固态 pH 传感器性能的影响

不同温度下固态 pH 传感器能斯特曲线特征参数 表 7-12

| 温度（℃） | 斜率（mV/pH） | 截距 $E^0$（mV） | 相关系数 $R^2$ |
|---|---|---|---|
| 0 | −45.77 | 672.86 | 0.972 |
| 10 | −44.61 | 708.13 | 0.996 |
| 20 | −44.14 | 714.98 | 0.997 |

续表

| 温度(℃) | 斜率(mV/pH) | 截距 $E^0$(mV) | 相关系数 $R^2$ |
| --- | --- | --- | --- |
| 30 | −44.36 | 752.13 | 0.994 |
| 40 | −45.98 | 792.84 | 0.987 |
| 50 | −43.29 | 781.96 | 0.962 |
| 60 | −45.49 | 802.92 | 0.990 |

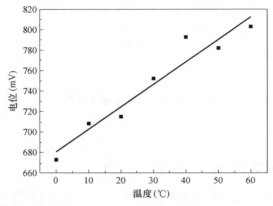

图 7-26　温度对固态 pH 传感器能斯特曲线截距的影响

### 7.5.5　固态 pH 传感器在水泥基材料中的原位监测

　　将固态 pH 传感器预埋入水灰比为 0.5、尺寸为 100mm×100mm×100mm 的立方体中部。从图 7-27 可以看出，砂浆内部 pH 值在成型后的前 5d 呈现上升的趋势。这是因为随着水泥水化的进行，砂浆孔溶液中的 OH⁻ 浓度增加，pH 值上升。三组传感器中，1号传感器测试的结果比较大，砂浆 pH 值在 12.8～13.4 之间。2 号传感器测试的结果偏小，砂浆 pH 值在 12.3～12.9 之间。随着养护龄期的增加，固态 pH 传感器测试结果趋于稳定，而且三组传感器的测试值几乎一致，说明所制备的固态 pH 传感器能够实现水泥基材料中 pH 值的原位测试。

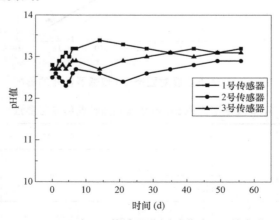

图 7-27　固态 pH 传感器监测砂浆中 pH 值变化

# 本章参考文献

[1]  Yao S, Wang M, Madou M. A pH electrode based on melt-oxidized iridium Oxide [J]. Journal of the Electrochemical Society, 2001, 148 (4): H29-H36.

[2]  Wang M, Yao S, Madou M. A long-term stable iridium oxide pH electrode [J]. Sensors & Actuators B Chemical, 2002, 81 (2-3): 313-315.

[3]  Lu Y, Wang T, Cai Z, et al. Anodically electrodeposited iridium oxide films microelectrodes for neural microstimulation and recording [J]. Sensors & Actuators B Chemical, 2009, 137 (1): 334-339.

[4]  Elsen H A, Monson C F, Majda M. Effects of electrodeposition conditions and protocol on the properties of iridium oxide pH sensor electrodes [J]. Journal of the Electrochemical Society, 2009, 156 (1): F1-F6.

[5]  Franz M, Beyer J B. Development of Ti/PbO2/Sb2O3 electrode as indicator electrode for pH measurements and conductometric titrations in aqueous solutions [J]. International Journal of Pharma & Bio Sciences, 2014, 13 (10): 1653-1654.

[6]  Fog A, Buck R P. Electronic semiconducting oxides as pH sensors [J]. Sensors & Actuators, 1984, 5 (2): 137-146.

[7]  Zhang W D, Xu B. A solid-state pH sensor based on WO3-modified vertically aligned multi-walled carbon nanotubes [J]. Electrochemistry Communications, 2009, 11 (11): 1038-1041.

[8]  Wang M, Ha Y. An electrochemical approach to monitor pH change in agar media during plant tissue culture [J]. Biosensors & Bioelectronics, 2007, 22 (11): 2718.

[9]  Sardarinejad A, Maurya D K, Alameh K. The effects of sensing electrode thickness on ruthenium oxide thin-film pH sensor [J]. Sensors & Actuators A Physical, 2014, 214 (4): 15-19.

[10]  Feifei Huang Y J, Lei Wen, Daobin Mu, Mengmeng Cui. Effects of Thermal Oxidation Cycle Numbers and Hydration on IrOx pH Sensor [J]. Journal of the Electrochemical Society, 2013, 160 (10): 184-191.

[11]  Olthuis W, Robben M A M, Bergveld P, et al. pH sensor properties of electrochemically grown iridium oxide [J]. Sensors & Actuators B Chemical, 1990, 2 (4): 247-256.

[12]  Kim T Y, Yang S. Fabrication method and characterization of electrodeposited and heat-treated iridium oxide films for pH sensing [J]. Sensors & Actuators B Chemical, 2014, 196 (196): 31-38.

[13]  Hitchman M L, Ramanathan S. Evaluation of iridium oxide electrodes formed by potential cycling as pH probes. [J]. Analyst, 1988, 113 (1): 9-35.

[14]  Burke L D, Mulcahy J K, Whelan D P. Preparation of an oxidized iridium electrode and the variation of its potential with pH [J]. Chemischer Informationsdienst, 1984, 15 (27): 117-128.

[15]  R. Kötz, H. Neff, S. Stucki. Anodic Iridium Oxide Films: XPS-studies of oxidation state changes and O2-evolution [J]. Journal of the Electrochemical Society, 1984, 131 (1): 72-77.

[16]  Atanasoska L, Gupta P, Deng C, et al. XPS, AES, and electrochemical study of iridium oxide coating materials for cardiovascular stent application [J]. Ecs Transactions, 2009, 16 (38).

［17］ Augustynski J，Koudelka M，Sanchez J，et al. ChemInform Abstract：ESCA study of the state of iridium and oxygen in electrochemically and thermally formed iridium oxide films ［J］. Chemischer Informationsdienst，1984，160 （1-2）：233-248.

［18］ Huang F，Jin Y，Wen L. Investigations of the hydration effects on cyclic thermo-oxidized Ir/IrOx Electrode ［J］. Journal of the Electrochemical Society，2015，162 （12）：B337-B343.

# 第8章 钢筋锈蚀电磁场变响应监测技术

混凝土中的钢筋锈蚀不仅产生腐蚀电流和电化学噪声，而且会导致电磁场强度的改变。针对目前钢筋锈蚀监测手段存在的问题，李宗津教授团队基于电磁学原理推导钢筋及其锈蚀产物对电磁场强度及分布规律的影响，建立了钢筋锈蚀与电磁场场强响应的理论关系。青岛理工大学海洋环境混凝土技术创新团队搭建了基于磁通量的钢筋锈蚀梯形场变监测系统，定量监测与分析海洋环境下钢筋锈蚀过程中场强时空分布规律，开发了混凝土中钢筋锈蚀的电磁场变监测设备。

## 8.1 钢筋锈蚀电磁感应监测原理

氯离子渗透导致钢筋锈蚀是海洋环境混凝土结构耐久性破坏的主要原因[1]。钢筋锈蚀会造成钢筋受力截面减小，引起混凝土锈胀开裂，裂缝又为腐蚀离子加速渗透提供了便利通道，从而加速混凝土结构破坏。钢筋的主要成分是铁，但发生锈蚀后生成三氧化二铁、四氧化三铁等铁的氧化物，锈蚀产物磁导率相比于铁相差几百至几千倍，如表 8-1 所示。混凝土和铁的氧化物的相对磁导率十分接近，钢筋发生锈蚀时，由于磁导率降低，通过钢筋截面的磁通量减少，所以钢筋混凝土结构中的电磁场会随着钢筋的锈蚀过程而改变。这说明基于电磁场原理监测混凝土内部钢筋锈蚀过程是可行的。Gotoh[2] 利用电磁学原理及霍尔元件（见图 8-1）分析判断钢筋锈蚀源的位置，并证明了锈蚀钢筋相比普通钢筋磁导率有显著降低（见公式（8-1）和公式（8-2））。这个变化就是钢筋锈蚀监测设备开发的理论依据。

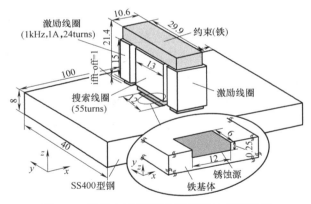

图 8-1 基于电磁原理的钢筋锈蚀监测设备

$$\mu = \frac{B}{H} \tag{8-1}$$

$$B = \mu H \tag{8-2}$$

式中 $B$——磁感应强度（Gs）；

$H$——磁场强度（A/m）；

$\mu$——介质磁导率。

钢筋主要成分及锈蚀产物磁导率　　　　　　　　　　　　　表 8-1

| 介质 | 磁导率（H/m） | 相对磁导率($\mu/\mu_0$) |
|---|---|---|
| 铁（纯度为 99.8%） | $6.3 \times 10^{-3}$ | 5000 |
| 碳钢 | $1.26 \times 10^{-4}$ | 100 |
| 空气 | $1.25663753 \times 10^{-6}$ | 1.00000037 |
| 真空 | $4\pi \times 10^{-7}$（$\mu_0$） | 1 |
| 水 | $1.256627 \times 10^{-6}$ | 0.999992 |
| 铁的氧化物 | — | 1.0072 |
| 混凝土 | — | 1 |

## 8.2 电磁感应监测技术发展历史

2007 年，Rumiche 等[3] 研制出了碳钢锈蚀监测设备，如图 8-2 所示。研究发现，磁通量变化与钢筋锈蚀引起的质量损失成线性关系。Tsukada 等[4] 认为，利用电磁感应原理监测钢筋锈蚀是一种简单且操作性强的方法。2013 年，Tsukada 等基于电磁感应原理开发了艾迪电流系统（ECM），如图 8-3 所示。2015 年，Facundo 等[5] 指出：相比于电化学方法，非电化学方法在钢筋锈蚀监测领域的优势更加明显，并对艾迪电流系统进行了改进，如图 8-4 所示。2016 年，Zhang 等[6] 结合 3D 扫描技术和智能化模块研究钢筋锈蚀监测设备，并通过钢筋混凝土结构外部监测电磁信号分析内部钢筋锈蚀状态，如图 8-5 所示。该监测设备虽然体积庞大，便携性较差，但却为钢筋锈蚀无损监测提供了一个新思路。李宗津教授团队利用永磁体代替传统的通电线圈产生稳定磁场，用硅钢片作为导磁介质形成闭合回路，开发了新型钢筋锈蚀监测设备，如图 8-6 所示。改进后的监测设备具有更高的精度，并且便携性强，使用方便。

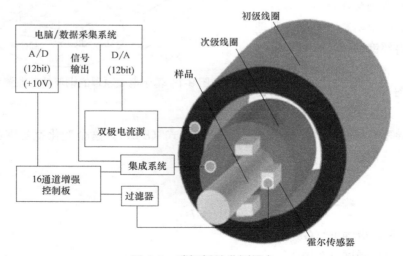

图 8-2 碳钢锈蚀监测设备

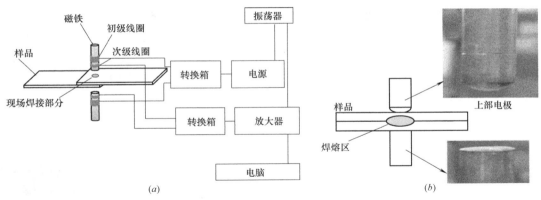

图 8-3 艾迪电流系统 (ECM)

(a) ECM 示意图；(b) 上下两侧电极

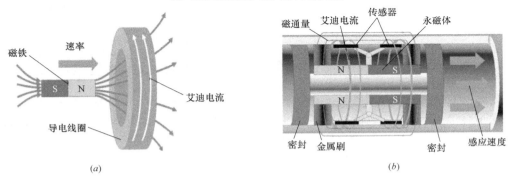

图 8-4 ECM 装置

(a) 法拉第定律示意图；(b) 自激发 ECM

图 8-5 基于 3D 扫描技术的钢筋锈蚀监测设备

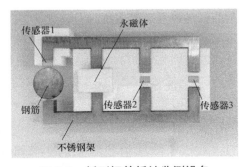

图 8-6 新型钢筋锈蚀监测设备

# 8.3 基于电磁响应的钢筋锈蚀精准监测设备研发

## 8.3.1 钢筋锈蚀电磁场变响应检测装置

李宗津教授团队自主研发了钢筋锈蚀电磁场变响应检测装置，其原理图和实物图如图 8-7 和图 8-8 所示[7]。该设备使用了 256 个霍尔传感器组成 16×16 矩阵分布的霍尔传感器组，磁场源由电磁铁提供，通过霍尔传感器组接收设备上由线圈通电所产生的电磁场信号，霍尔传感器监测到的信号由高精度单片机采集，并将信号传输到电脑终端。随着电磁场中钢筋的锈蚀，霍尔传感器所接收到的信号相应的发生变化，基于测试结果可判断钢筋锈蚀的位置和锈蚀程度。该设备数据采集方便稳定，霍尔传感器组的使用可实现较大区域钢筋锈蚀检测。

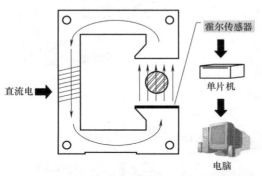

图 8-7　钢筋锈蚀电磁场变响应检测装置原理图

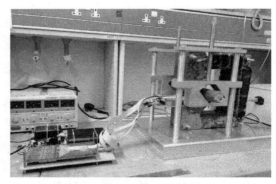

图 8-8　钢筋锈蚀电磁场变响应检测装置实物图

　　光圆钢筋锈蚀检测结果如图 8-9 所示。所采用的光圆钢筋尺寸如表 8-2 所示。图 8-9 (a) 中试件 A1 为未发生锈蚀的钢筋，试件 A2 为氯盐浸泡后的钢筋，试件 A3 为放置在露天环境中自然发生锈蚀的钢筋。很明显，光圆钢筋表面产生了铁锈。利用所研发的钢筋锈蚀电磁场变响应检测装置对锈蚀前后的钢筋进行测试，发现每一个单独试件的数据虽然有一些变化，但并不明显，这是因为所测试的钢筋发生的是均匀锈蚀。于是采用对比法对比不同锈蚀状态的试验数据。图 8-9 (b) 由钢筋 A3 和钢筋 A1 的数据相减所得。图的中部呈拱形，光圆钢筋在锈蚀状态下的霍尔电压大于非锈蚀状态下的霍尔电压。这是因为光圆钢筋锈蚀以后，其表面部分转化为铁的氧化物，使其有效导磁部分变小，减小了对磁场的影响。图 8-9 (c) 得到了类似的规律。图 8-9 (d) 中霍尔电压对比没有上述两种情况明显，这是因为钢筋 A2 和钢筋 A3 的锈蚀程度相差不大。但是钢筋 A3 的霍尔电压大于钢筋 A2，这是因为钢筋 A2 浸泡在氯盐溶液中，溶液中的溶解氧有限，此时钢筋的锈蚀速度取决于溶解氧的量，而钢筋 A3 暴露于大气中，有充足的氧气，为钢筋的氧化还原反应提供了足够的氧气。

光圆钢筋尺寸 (mm)　　　　　　　　　　　　　表 8-2

| 钢筋 | A1 | A2 | A3 |
|---|---|---|---|
| 直径 | 32.15 | 32.12 | 32.13 |
| 长度 | 350 | 350 | 350 |

　　碳钢钢板锈蚀检测结果如图 8-10 和图 8-11 所示。试验采用三块相同的碳钢钢板进行，其尺寸如表 8-3 所示。首先对碳钢钢板进行除锈，然后在其表面涂抹 NaCl 盐颗粒，并放置于湿度相对较高的养护室内，每周用钢筋锈蚀电磁场变响应检测装置测试其霍尔电压。从图 8-10 可以看出，碳钢钢板的锈蚀程度随着腐蚀时间的增加而增大。从图 8-11 可以看出，随着腐蚀时间的增加，所测到的霍尔电压相应增加。而且碳钢钢板发生了非均匀

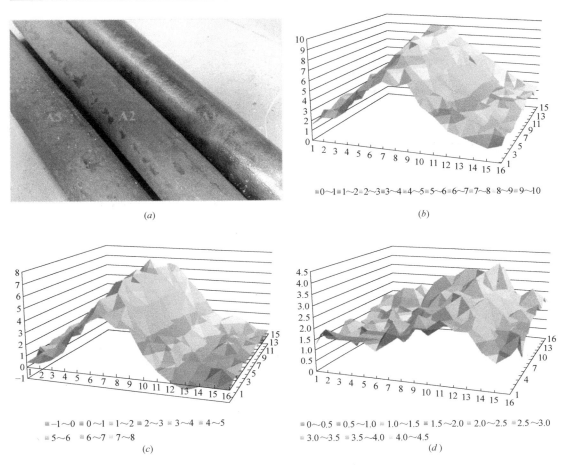

图 8-9　光圆钢筋锈蚀检测结果

（a）钢筋锈蚀情况；（b）A3-A1；（c）A2-A1；（d）A3-A2

锈蚀，从测试结果很容易判断出碳钢钢板的锈蚀位置和锈蚀程度。

碳钢钢板尺寸（mm）　　　　　表 8-3

| 碳钢钢板 | S1 | S2 | S3 |
| --- | --- | --- | --- |
| 宽 | 70 | 70 | 70 |
| 长 | 350 | 350 | 350 |
| 厚度 | 4 | 4 | 4 |

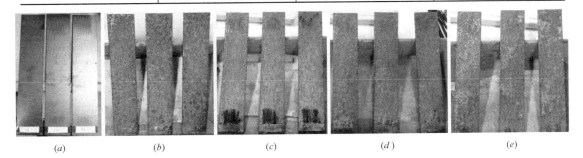

图 8-10　腐蚀前后碳钢钢板形貌

（a）腐蚀前；（b）腐蚀 2 周；（c）腐蚀 3 周；（d）腐蚀 4 周；（e）腐蚀 5 周

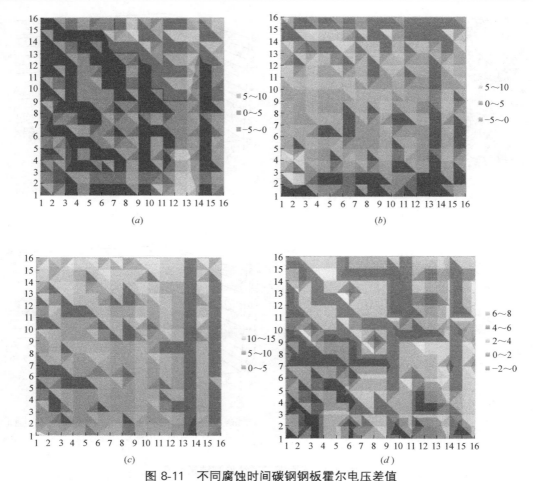

图 8-11 不同腐蚀时间碳钢钢板霍尔电压差值

（*a*）腐蚀 2 周-腐蚀前；（*b*）腐蚀 3 周-腐蚀 2 周；（*c*）腐蚀 4 周-腐蚀 3 周；（*d*）腐蚀 5 周-腐蚀 4 周

霍尔传感器传回的电压信号与腐蚀时间的关系如图 8-12 所示。从图中可以看出，随着腐蚀时间的增加，输出电压基本呈线性增加。

## 8.3.2 小型化钢筋锈蚀电磁监测设备

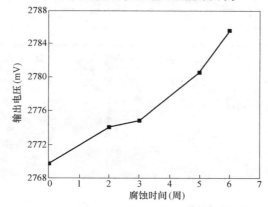

图 8-12 输出电压与腐蚀时间的关系

虽然 8.3.1 节中提到的设备可以实现钢板的锈蚀位置和锈蚀程度检测，但是该设备体积大、信噪比低，不能用于混凝土中钢筋锈蚀状态的检测。针对该问题，采用永磁体代替电磁铁，采用硅钢片代替钢块，以减小设备体积。并且采用钢支架传递磁场，每个回路设置一个霍尔传感器采集信号以监测不同深度处钢筋的腐蚀状态。该设备可自行监测永磁体的磁性稳定性，避免因为永磁体磁性的衰减引起的检测误差。小型化钢筋锈蚀电磁监测设备如图 8-13 所示[8]。该设备采用了高精度高转换率的 ADS1256 型单片机和 UNO R3 型集成电路板（见图 8-14），以提高设备的信号转化与采集速率。理论计算和试验结果表明，该设备的检测精度为 0.01mm。

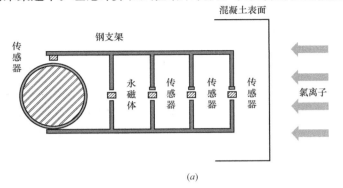

(a)

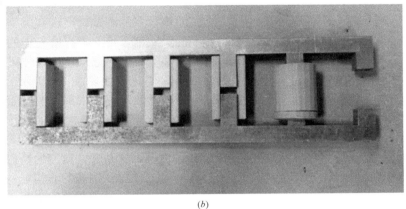

(b)

图 8-13　小型化钢筋锈蚀电磁监测设备

(a) 原理图；(b) 实物图

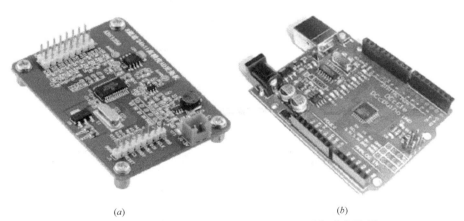

(a)　　　　　　　　　　　(b)

图 8-14　ADS1256 型单片机和 UNO R3 型集成电路板

(a) ADS1256 型单片机；(b) UNO R3 型集成电路板

为建立霍尔电压增量与钢筋锈蚀量的关系，在钢筋表面定时定量喷射 3.5％NaCl 溶液，然后测试霍尔电压，并采用化学方法除去钢筋表面的锈蚀产物，计算钢筋的锈蚀量，得到霍尔电压增量与钢筋质量损失率的关系，如图 8-15 所示。很明显，霍尔电压增量与钢筋质量损失率线性相关，霍尔电压增量＝0.37236×钢筋质量损失率。显然，根据设备监测到的霍尔电压变化量即可换算出钢筋的质量损失率。然而，钢筋的锈蚀是由锈斑的随机产生到质量损失的过程。

### 8.3.3 高精度高灵敏度钢筋锈蚀电磁场变监测设备

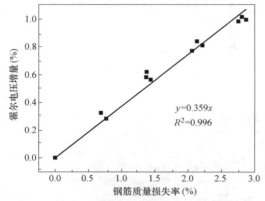

图 8-15 霍尔电压增量与钢筋质量损失率的关系
（小型化钢筋锈蚀电磁监测设备）

为进一步提高设备的信噪比，采用了高转换率的 24bits 单片机，开发了专用电路板，并采用 3D 打印技术打印设备探头外壳，如图 8-16 所示。从图 8-17 可以看出，霍尔电压增量与钢筋质量损失率成线性关系，相关系数达到了 0.996[9,10]，表明该设备的测试精度较高。为测试该设备的灵敏度，将一根打磨光亮的钢筋放置于潮湿空气中，记录整个锈蚀过程中霍尔电压的变化，如图 8-18 所示。不难发现，钢筋锈蚀过程中，霍尔电压随腐蚀时间持续上升，但霍尔电压稳定上升之前有一段相对波动的阶段。这是由于钢筋锈斑随机产生时，一根磁感线可能既穿过锈蚀区又穿过非锈蚀区，这是非常典型的锈斑随机出现的过程。显然，新监测设备的精度和灵敏度更高，并可以监测到钢筋的非均匀锈蚀。

(a)    (b)

(c)

图 8-16 高精度高灵敏度钢筋锈蚀电磁场变监测设备
（a）3D 打印设备探头外壳；（b）24bits 单片机；（c）设备原图

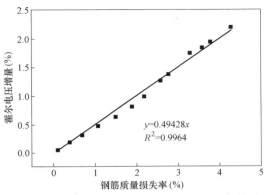

图 8-17 霍尔电压增量与钢筋质量损失率的关系
(高精度高灵敏度钢筋锈蚀电磁场变监测设备)

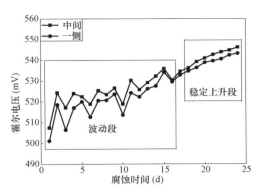

图 8-18 霍尔电压与腐蚀时间的关系

## 8.3.4 混凝土中钢筋锈蚀的电磁场变监测设备

电磁波在钢筋混凝土中的传播如图 8-19 所示。电磁场是个矢量，既有大小又有方向。当磁感线穿过发生锈蚀的钢筋/混凝土界面时，其大小和方向都会发生变化。

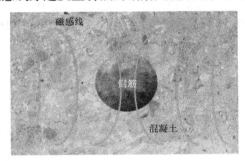
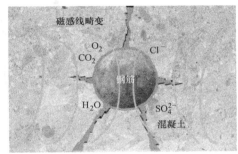

图 8-19 电磁波在钢筋混凝土中的传播

当磁感线穿过钢筋/混凝土界面时，磁感线方向变化程度与钢筋、混凝土的相对磁导率的关系如图 8-20 和公式（8-3）～公式（8-11）所示。很明显，磁感线方向参数 $\theta_2$ 和 $\theta_2$ 取决于磁导率 $\mu_1$ 和 $\mu_2$。

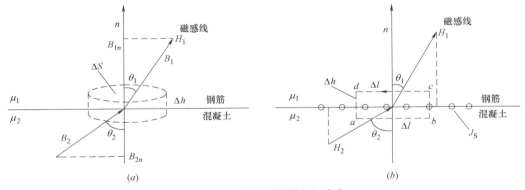

图 8-20 磁感线传播方向改变

123

$$\oint_S^0 B \cdot \mathrm{d}S = B_1 \cdot \hat{n}\Delta S + B_2 \cdot (-\hat{n})\Delta S = 0 \tag{8-3}$$

$$\hat{n} \cdot (B_1 - B_2) = 0 \text{ 或 } B_{1n} = B_{2n} \tag{8-4}$$

$$\oint_l^0 H \cdot \mathrm{d}l = H_1 \cdot (-\hat{n}\times\hat{e})\Delta l + H_2 \cdot (\hat{n}\times\hat{e})\Delta l = \hat{e} \cdot J_S \cdot \Delta l \tag{8-5}$$

$$\hat{e} \cdot (\hat{n}\times H_1) - \hat{e} \cdot (\hat{n}\times H_2) = \hat{e} \cdot J_S \tag{8-6}$$

$$\hat{n}\times(H_1 - H_2) = J_S \tag{8-7}$$

$$\hat{n}\times(H_1 - H_2) = 0 \text{ 或 } H_{1t} = H_{2t} \tag{8-8}$$

$$B_1\cos\theta_1 = B_2\cos\theta_2 \tag{8-9}$$

$$H_1\sin\theta_1 = H_2\sin\theta_2 \tag{8-10}$$

$$\frac{\tan\theta_1}{\tan\theta_2} = \frac{\mu_1}{\mu_2} \tag{8-11}$$

实践表明，钢筋混凝土结构中钢筋非均匀锈蚀的比例要远远高于均匀锈蚀（见图 8-21）。中国矿业大学袁迎曙教授提出了非均匀锈蚀的钢筋横截面计算模型。假设钢筋的相对磁导率为 100，钢筋锈蚀产物的磁导率为 1，通过理论推导，可得到均匀锈蚀和非均匀锈蚀的钢筋横截面积损失与磁导率损失之间的关系，如公式（8-12）～公式（8-15）所示。$S_u$ 和 $P_u$ 分别为均匀锈蚀的剩余钢筋横截面积和剩余磁导率。$S_{nu}$ 和 $P_{nu}$ 分别为非均匀锈蚀的剩余钢筋横截面积和剩余磁导率。$r$ 和 $r'$ 分别为初始钢筋半径和锈蚀引发的钢筋半径损失。$r'/r$ 临界值为 0.2，即损伤程度不超过钢筋半径的 20%。这是因为当半径损失超过 20% 时，钢筋承载力损失严重，而且不再具有滞回性能。剩余磁导率与钢筋横截面损失关系如图 8-22 所示。从图中可以看出，当锈蚀程度相同时，非均匀锈蚀导致的磁导率损失小于均匀锈蚀。

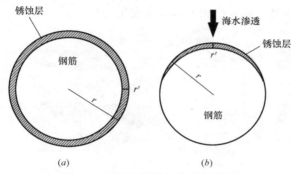

图 8-21　均匀锈蚀与非均匀锈蚀
(a) 均匀锈蚀；(b) 非均匀锈蚀

$$S_u = \frac{\pi r^2 - \pi(r-r')^2}{\pi r^2} = 2\frac{r'}{r} - \left(\frac{r'}{r}\right)^2 \tag{8-12}$$

$$P_u = \frac{100\pi(r-r')^2 + 1\times[\pi r^2 - \pi(r-r')^2]}{100\pi r^2} = \frac{100}{1+2\dfrac{r'}{r}+\left(\dfrac{r'}{r}\right)^2} + \frac{2}{1+\dfrac{r'}{r}+\dfrac{r}{r'}} \tag{8-13}$$

$$S_{nu} = \frac{\pi r^2 - \left[\dfrac{\pi r^2}{2} - \dfrac{\pi r}{2}(r-r')\right]}{\pi r^2} = 1 - \frac{r'}{2r} \tag{8-14}$$

$$P_{nu} = \frac{\left(\pi r^2 - \dfrac{\pi}{2}rr'\right)\times100 + \dfrac{\pi}{2}rr'\times1}{100\pi r^2} = 1 - 0.495\frac{r'}{r} \tag{8-15}$$

为检测混凝土中钢筋的锈蚀状态，设计了线性排列的 24 个高灵敏度霍尔元件，并采用小型的单片机镶嵌进监测探头中，监测探头用生铁做成，顶端放置电磁铁并且外连直流电源为其供电，如图 8-23 所示。这样在整个监测探头内发生的磁感应强度的变化会被 24

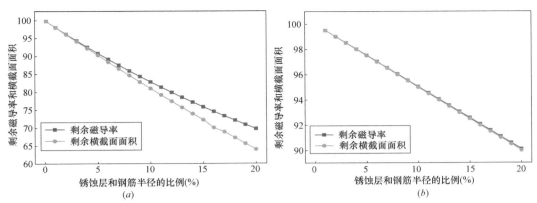

图 8-22 均匀锈蚀和非均匀锈蚀的磁导率损失对比

（a）均匀锈蚀；（b）非均匀锈蚀

个霍尔元件记录下来，并传到电脑终端，如图 8-24 所示。

　　为验证设备的稳定性，模拟了海水沿裂缝渗透以及通电加速两种常见的锈蚀方式进行加速锈蚀试验。以钢筋混凝土长度、霍尔元件编号以及霍尔电压绘制三维图即可确定钢筋发生锈蚀的位置，如图 8-25 所示[11~12]。从图中可以看出，无论是海水沿裂缝渗透加速锈蚀还是通电加速锈蚀，该设备均可定位钢筋锈蚀位置。另外，混凝土内部的温度和湿度可能会影响混凝土的介电常数，进一步影响采集数据的准确性，需深入研究，并对采集数据进行修正。

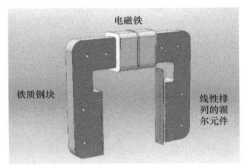

图 8-23 升级的监测探头

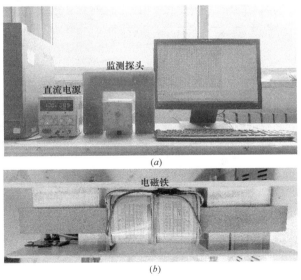

图 8-24 设备实物图（一）

（a）正面；（b）顶面

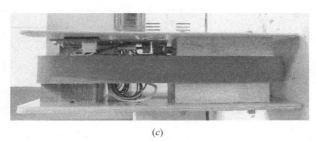

图 8-24　设备实物图（二）

（c）侧面

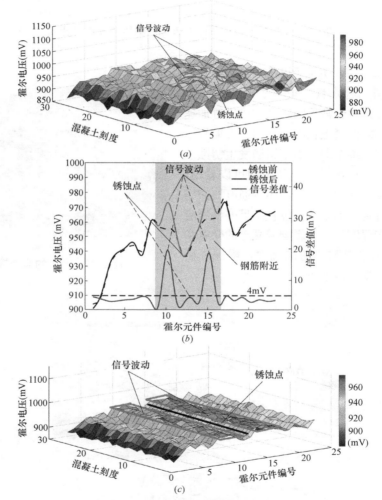

图 8-25　钢筋锈蚀位置可视化

（a）带裂缝钢筋混凝土构件霍尔电压（非均匀锈蚀）；（b）带裂缝钢筋混凝土构件霍尔电压（二维）；

（c）通电加速锈蚀钢筋混凝土构件霍尔电压（均匀锈蚀）

　　上述设备只能用于钢筋混凝土构件内部钢筋锈蚀的无损检测，无法实现混凝土中钢筋锈蚀的原位监测。针对钢筋锈蚀原位监测技术要求，对霍尔传感器探头进行改进，而且开发了专用的手持式数据采集设备，如图 8-26 所示[3]。手持式数据采集设备采用抗冲击抗爆外壳，内部配有高灵敏度电容屏幕以及 10000mAh 高性能大容量电池，具有非常好的待机续航能力。传感器探头可根据工程需要，埋入钢筋混凝土结构中的不同位置，定时采集数据，实现钢筋锈蚀的原位动态监测。数据采集设备可根据工程需要，通过无线采集模块，实现数据的无线采集。

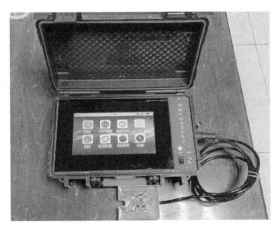

图 8-26　手持式数据采集设备与传感器探头

## 本章参考文献

[1]　Hou B R.，Sun H Y.，Zhang J. L.，Guo G. Y.，Song J. M. Analysis of corrosive environmental factors of seabed sediment. Bulletin of Materials Science，2001，24，253.

[2]　Gotoh Y.，Hirano H.，Nakano M.，Fujiwara K.，Takahashi N. Electromagnetic Nondestructive Testing of Rust Region in Steel. IEEE Transactions on Magnetics，2005，41（10），3616.

[3]　Rumiche F.，Indacochea J. E.，Wang M. L.，Assessment of the Effect of Microstructure on the Magnetic Behavior of Structural Carbon Steels Using an Electromagnetic Sensor. Journal of Materials Engineering and Performance，2008，17（04），586.

[4]　Tsukada K.，Miyake K.，Harada D.，Sakai K. Kiwa T. Magnetic Nondestructive Test for Resistance Spot Welds Using Magnetic Flux Penetration and Eddy Current Methods. Journal of Nondestructive Evaluation，2013，32（03），286.

[5]　Varela F.，Tan M. Y.，Forsyth M. An overview of major methods for inspecting and monitoring external corrosion of on-shore transportation pipelines. Corrosion Engineering，Science and Technology，2015，50（03），226.

[6]　Zhang H.，Liao L.，Zhao R. Q.，Zhou J. T.，Yang M.，Xia R. C. The Non-Destructive Test of Steel Corrosion in Reinforced Concrete Bridges Using a Micro-Magnetic Sensor. Sensors，2016，16（09），1.

[7]　Liu C. Development and application of innovative corrosion detection transducers for civil engineering. Ph. D. thesis，Department of Civil and Environment Engineering，Hong Kong University of Science and Technology，2016.

[8]　Zhang J. R.，Liu C.，Sun M.，Li Z. J. An innovative corrosion evaluation technique for reinforced concrete structures using magnetic sensors. Construction and Building Materials，2017，135，68-75.

[9]　Li Z.，Jin Z. Q.，Shao S. S.，Xu X. B. Magnetic properties of reinforcement and corrosion products described by an upgraded monitoring apparatus. Proceedings of 7th World Conference on Structural Control and Monitoring，2018，864-873.

[10]　李哲，金祖权，邵爽爽，徐翔波. 海洋环境下混凝土中钢筋锈蚀机理及监测技术概述. 材料导报，2018，32（23）：4170-4181.

[11]　Li Z.，Jin Z. Q.，Shao S, S.，Zhao T. J.，Wang P. G. Influence of moisture content on electromagnetic response of concrete studied using a homemade apparatus. Sensors，2019，19（21）：4637.

[12]　Li Z.，Jin Z. Q.，Zhao T. J.，Wang P. G.，Xiong C. S.，Li Z. J. Use of a novel electro-magnetic apparatus to monitor corrosion of reinforced bar in concrete. Sensors and Actuators A：Physical，2019，286：14-27.

[13]　Li Z.，Jin Z. Q.，Xu X. B.，Zhao T. J.，Wang P. G.，Li Z. J. Combined application of novel electromagnetic sensors and acoustic emission apparatus to monitor corrosion process of reinforced bars in concrete. Construction and Building Materials. 2020，245，118472.

# 第9章　阳极梯无线采集系统

阳极梯耐久性监测系统是 20 世纪 80 年代末，由德国亚琛工业大学 SchieβlP 教授和 Raupach M 教授基于宏电池腐蚀原理开发的。主要包括阳极梯（AL）、阴极（C）、连接导线、接线盒（TBox）、连接钢筋（CR）。目前已经应用于德国、丹麦、日本、埃及、澳大利亚、中国等国家基础设施的耐久性监测，是目前在实际工程中使用量最大、使用时间最久的耐久性监测传感器[1-10]。本章介绍了阳极梯耐久性监测系统的组成、监测原理、安装、数据采集与分析要点以及工程应用。然而，有些工程不便于现场采集数据。针对该问题，青岛理工大学海洋环境混凝土技术创新团队自主开发了阳极梯无线采集系统，实现了阳极梯耐久性参数的远程无线采集。

## 9.1　阳极梯耐久性监测系统

### 9.1.1　组成

阳极梯耐久性监测系统组成示意图，如图 9-1 所示。

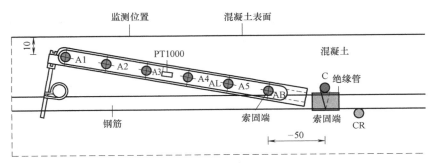

图 9-1　阳极梯耐久性监测系统组成示意图

（1）阳极梯：包括 6 个直径为 10mm、长度为 50mm 的阳极棒和 1 个 PT1000 温度传感器。将这些阳极棒用 U 型不锈钢架固定，形成阳极梯。阳极棒两端与钢槽接触处设有热缩绝缘管，避免端部腐蚀。阳极棒两端引出导线，通过短路测量来检查其连接是否正常。所有导线经由钢槽引出，并与接线盒中的航空插头连接。温度传感器放在钢槽内，用环氧树脂填充钢槽，以固定和保护温度传感器、导线。为调节阳极梯的倾斜角度和固定阳极梯，阳极梯端部设置了两个长螺丝杆，作为阳极梯的支撑点。

（2）阴极：为一根直径 8mm、长度 40mm 的钛铂合金棒。

（3）连接钢筋：为普通钢筋，通过焊接或者钢丝连接到混凝土结构内的钢筋上。电缆

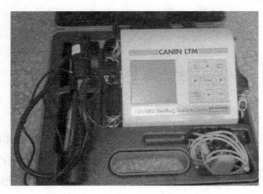

图 9-2  CANIN LTM 便携式读数仪

通过焊接连接到连接钢筋上，并用热缩管保护连接处，避免腐蚀。

（4）连接导线：用于连接传感器和接线盒。

（5）接线盒：接线盒中含有数据采集专用航空插头，可与采集设备连接。

（6）采集设备：瑞士 Proceq 公司的 CA-NIN LTM 便携式读数仪（见图 9-2）和德国 S＋R 公司的 HMG 便携式读数仪（见图 9-3）均可用于阳极梯数据的采集和存储。

图 9-3  HMG 便携式读数仪

## 9.1.2  监测原理

阳极梯耐久性监测系统是一种典型的宏电池装置。当混凝土被氯离子等有害物质侵蚀，或者二氧化碳等酸性气体/液体引起混凝土中性化时，钢筋表面的钝化膜破裂，处于活化状态，而阴极由于其本身的特性不发生锈蚀，导致阳极表面的电位发生变化，而阴极表面的电位几乎不变，从而造成阴阳极之间产生电位差，如图 9-4 所示。因此，可以根据电位、电流的变化判断钢筋是否发生锈蚀。每个阳极棒

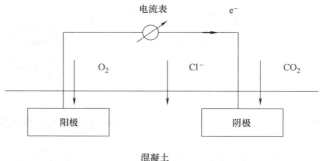

图 9-4  腐蚀宏电池结构示意图

都可与阴极组成一个独立的宏电池系统，通过监测不同深度阳极棒的锈蚀情况，即可预测混凝土结构内部钢筋发生锈蚀的时间。

由于阳极梯耐久性监测系统中的 6 个阳极棒位于混凝土内部不同深度，所以，可以利用脱钝前锋面到达不同深度阳极棒的时间，建立钢筋锈蚀时间模型，进而外推得到图 9-5 中每一层阳极棒的初锈蚀时间 $t_1$。如果最内侧的阳极棒（A6）初锈蚀时间 $t_1$ 小于设计使用年限，则应该对结构进行耐久性再设计，采取适当的防护与修复措施。

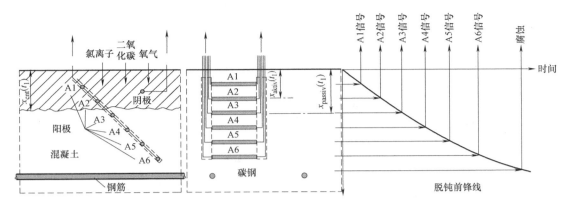

图 9-5  阳极梯监测数据分析预测示意图

### 9.1.3  安装

因为阳极梯为埋入式永久性测试仪器，所以在安装前后要进行导线通路测量，以确保阳极梯工作正常。首先，阳极梯安装完毕，混凝土浇筑之前，进行第一次整体检查测量。其次，在混凝土浇筑之后进行第二次整体检查测量。如果阳极梯工作正常，则按照计划进行长期监测。阳极梯具体安装步骤如下：

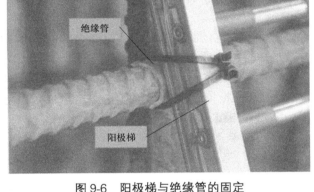

图 9-6  阳极梯与绝缘管的固定

（1）固定阳极梯：调节阳极梯的倾斜度，直至满足阳极棒 A1 的设计保护层厚度；将阳极梯固定到钢筋上；检查各个阳极棒尤其是阳极棒 A6 是否与钢筋接触，并确保阳极梯不能移动。U 型不锈钢架不能与混凝土内部的钢筋接触，如图 9-6 所示。

（2）固定阴极：切割大约 4cm 长的绝缘管多段，并剖开；然后放到阴极与钢筋接触的位置，确保阴极与钢筋绝缘，如图 9-7 所示；将阴极固定到钢筋上，并确保阴极不能移动。

（3）固定连接钢筋：将连接钢筋与混凝土内的外层钢筋裸接，并确保连接钢筋不能移动。

（4）固定电缆：沿钢筋侧面布置电缆。

安装完毕的阳极梯耐久性监测系统如图 9-8 所示。

图 9-7  阴极的固定

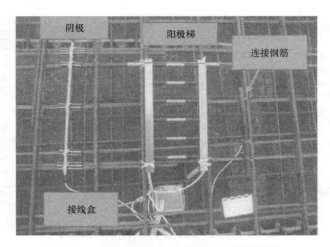

图 9-8　安装完毕的阳极梯耐久性监测系统

## 9.1.4　数据采集

　　阳极梯耐久性监测系统安装固定好之后，就可以使用便携式读数仪定期采集数据。测量参数如表 9-1 所示，主要包括：

　　（1）6 个阳极棒、连接钢筋与阴极之间的电势；

　　（2）6 个阳极棒、连接钢筋与阴极之间的电流（读取接通电路 5s 内电流的极值）；

　　（3）相邻阳极棒之间的电阻（A1-A2、A2-A3、A3-A4、A4-A5、A5-A6）；

　　（4）阳极棒 A6 与连接钢筋之间的电阻；

　　（5）温度。

**阳极梯耐久性监测系统测量参数**　　　　　　　　　　　　　　　　表 9-1

| 编号 | 电极 | 测量参数 | 备注 |
|---|---|---|---|
| 1 | A1-C | 电势（电压，mV） | 阳极棒 A1 与阴极 C 之间的电压 |
| 2 | A2-C | 电势（电压，mV） | 阳极棒 A2 与阴极 C 之间的电压 |
| 3 | A3-C | 电势（电压，mV） | 阳极棒 A3 与阴极 C 之间的电压 |
| 4 | A4-C | 电势（电压，mV） | 阳极棒 A4 与阴极 C 之间的电压 |
| 5 | A5-C | 电势（电压，mV） | 阳极棒 A5 与阴极 C 之间的电压 |
| 6 | A6-C | 电势（电压，mV） | 阳极棒 A6 与阴极 C 之间的电压 |
| 7 | CR-C | 电势（电压，mV） | 连接钢筋 CR 与阴极 C 之间的电压 |
| 8 | A1-C | 连接 5s 后电流（$\mu$A） | 阳极棒 A1 与阴极 C 之间的电流 |
| 9 | A2-C | 连接 5s 后电流（$\mu$A） | 阳极棒 A2 与阴极 C 之间的电流 |
| 10 | A3-C | 连接 5s 后电流（$\mu$A） | 阳极棒 A3 与阴极 C 之间的电流 |
| 11 | A4-C | 连接 5s 后电流（$\mu$A） | 阳极棒 A4 与阴极 C 之间的电流 |
| 12 | A5-C | 连接 5s 后电流（$\mu$A） | 阳极棒 A5 与阴极 C 之间的电流 |
| 13 | A6-C | 连接 5s 后电流（$\mu$A） | 阳极棒 A6 与阴极 C 之间的电流 |
| 14 | CR-C | 连接 5s 后电流（$\mu$A） | 连接钢筋 CR 与阴极 C 之间的电流 |

| 编号 | 电极 | 测量参数 | 备注 |
|---|---|---|---|
| 15 | TEMP | 电阻温度(℃) | PT1000 温度传感器的温度 |
| 16 | A1-A2 | 交流电阻(Ω) | 阳极棒 A1 与阳极棒 A2 之间的电阻 |
| 17 | A2-A3 | 交流电阻(Ω) | 阳极棒 A2 与阳极棒 A3 之间的电阻 |
| 18 | A3-A4 | 交流电阻(Ω) | 阳极棒 A3 与阳极棒 A4 之间的电阻 |
| 19 | A4-A5 | 交流电阻(Ω) | 阳极棒 A4 与阳极棒 A5 之间的电阻 |
| 20 | A5-A6 | 交流电阻(Ω) | 阳极棒 A5 与阳极棒 A6 之间的电阻 |
| 21 | A6-CR | 交流电阻(Ω) | 阳极棒 A6 与连接钢筋 CR 之间的电阻 |

### 9.1.5 数据分析

混凝土中钢筋的腐蚀是一个长期的变化过程。定期监测时需要携带便携式读数仪到现场采集数据。将采集到的数据进行统计,得到电压-时间、电流-时间、电阻-时间、温度-时间曲线。如果电压<−350mV,则相应深度处的阳极棒腐蚀概率为 95%。如果电流>15μA,表示钢筋开始脱钝。当阳极梯处于潮湿环境或者干燥环境时,需要根据实际情况修正腐蚀评判标准。可通过电流或者电压的突变,判断其腐蚀状态。

## 9.2 工 程 应 用

### 9.2.1 工程案例汇总

目前,阳极梯耐久性监测系统已经广泛应用于实际工程。表 9-2 列出了阳极梯在典型工程中的耐久性监测实例。涉及的工程类型包括码头、隧道、桥梁等基础设施。

**工程案例汇总**  表 9-2

| 国家或地区 | 工程名称 | 年份 | 安装数量 |
|---|---|---|---|
| 德国 | Bridge Schießbergstraße | 1990/1991 | 13 |
| 奥地利 | The Bridge Notsch | 1991 | 6 |
| 丹麦 | Buildings of the Great-Belt-Link, Eastern Tunnel | 1991/1992 | 168 |
| 丹麦 | Buildings of the Great-Belt-Link, Cut & Cover Tunnel | 1991/1992 | 36 |
| 丹麦 | Buildings of the Great-Belt-Link, Western Bridge, 6 pier shafts | 1992 | 72 |
| 丹麦 | Buildings of the Great-Belt-Link, Western Bridge, 6 girders | 1992 | 108 |
| 丹麦 | Buildings of the Great-Belt-Link, anchor block and pylon | 1993/1994 | 28 |
| 丹麦 | Buildings of the Great-Belt-Link, Eastern Bridge, pier shaft | 1994 | 14 |
| 中国香港 | Immersed tubes, Western Harbour Crossing | 1994 | 9 |
| 日本 | Trails for Tunnel segments | 1995 | 10 |
| 克罗地亚 | Spray water zones of Maslenica Arch Bridge, HIMK | 1995 | 21 |
| 埃及 | Diaphragma walls and piles of Bibliotheca Alexandria | 1996 | 51 |
| 荷兰 | Segments of the 2$^{nd}$ Heinenoord Tunnel, RWS | 1997 | 19 |
| 瑞士 | Trial for tunnel segments | 1997 | 5 |

| 国家<br>或地区 | 工程名称 | 年份 | 安装<br>数量 |
|---|---|---|---|
| 丹麦-瑞典 | Oresund-Link，Bridge，splash water zone of pylon and piers | 1997/1998 | 60 |
| 中国香港 | Concrete plinth of railway，trial-installation | 1998 | 2 |
| 澳大利亚 | Tunnel Perth，BCJV | 1998 | 4 |
| 日本 | Tunnel Project in Tokyo | 1998 | 15 |
| 荷兰 | $2^{nd}$ BENELUX Tunnel，RWS | 1998/1999 | 10 |
| 丹麦 | Testing of stainless steel reinforcement，COWI | 1999 | 6 |
| 埃及 | The walls of the Al Sukhna por | 1999 | 71 |
| 埃及 | The walls of the Port Said Harbour Extension | 2000 | 69 |
| 荷兰 | the Green Heart Tunnel | 2001 | 17 |
| 德国 | Monitoring of the corrosion risk on a park deck in Munster | 2002 | 15 |
| 克罗地亚 | Monitoring of the corrosion risk of the KRK-Bridge | 2003 | 6 |
| 巴林 | Corrosion risk of the WALIAL AHEAD Flyover | 2003 | 9 |
| 德国 | Corrosion risk of park decks in Munich | 2003 | 30 |
| 中国 | 杭州湾大桥 | 2006 | 48 |
| 中国 | 青岛胶州湾海底隧道 | 2009 | 24 |
| 德国 | Stachus Bauwerk | 2010 | 20 |
| 埃及 | Saide East Port Container Terminal Phase II Hydraulic Engineering | 2012 | 48 |
| 中国 | 苏通大桥 | 2012 | 22 |
| 中国 | 青荣城际铁路 | 2013 | 7 |
| 中国 | 大连长山大桥 | 2014 | 8 |
| 中国 | 日照港煤码头 | 2014 | 2+3 |
| 中国 | 长山跨海大桥 | 2016 | 8 |
| 中国 | 青连铁路 | 2017 | 6 |
| 中国 | 某海南岛礁工程 | 2017 | 10 |
| 中国 | 青岛地铁 1 号线跨海段 | 2019 | 2+2 |
| 中国 | 天津港 | 2019 | 2 |
| 中国 | 京张高铁八达岭隧道 | 2019 | 6 |

## 9.2.2　青岛胶州湾海底隧道耐久性监测

（1）工程概况

青岛胶州湾海底隧道是连接青岛和黄岛的重要通道，南接薛家岛，北连团岛。图 9-9 为该隧道的地理位置图。青岛胶州湾海底隧道为城市快速道路隧道，设双向六车道，设计车速为 80km/h，设计使用年限为 100 年，工程总投资 31.8 亿元。隧道全长 7800m，青岛接线端隧道长 1630m，胶州湾隧道长 6170m，其中海域段隧道长 3950m，陆域段隧道长 2220m。主隧道断面为椭圆形，内净空高为 8.218m，宽 15.426m。主线隧道为左右线分离设置，隧道海域段线间距约为 55m，主隧道间每 250~300m 设置人行横洞，每 750~1000m 设置车行横洞，中间平行设置服务隧道。服务隧道主要作为施工运输、日常维护检修、过海管线和紧急救援通道。埋深根据合理埋深 25m 进行控制，局部最小安全埋深 20m。

青岛胶州湾海底隧道隧址区构造以中、新生带脆性断裂构造为主，场地稳定性较好，岩质坚硬，岩体较完整，渗透系数较小，岩体总体条件较好。隧址区隧道穿越地层陆域段以花岗岩为主；海域段以喷溢火山岩和次火山岩为主，大部分基岩裸露。隧道采用钻爆法施工，采用喷锚构筑法支护。

青岛胶州湾海底隧道于 2006 年 11 月开工，2010 年年底实现全线贯通。青岛胶州湾海底隧道是我国大陆开工建设的第二条跨海隧道，该隧道的建设将彻底解决青岛市"青黄不接"的问题，有效缓解目前轮渡和胶州湾高速公路的压力。为了确保青岛胶州湾海底隧道安全运维，青岛理工大学海洋环境混凝土技术创新团队在该隧道中设计并安装了阳极梯耐久性监测系统，对其耐久性状况进行长期监测，为隧道的安全运营和长期耐久性提供保障。在该隧道结构中安装阳极梯耐久性监测系统，首先需根据隧道建设的实际需求和结构所处的实际环境进行合理设计，在充分考虑所用混凝土原材料和所处环境特殊性的基础上，结合混凝土结构形式和施工水平，建立所监测的隧道工程的耐久性分析初始数据库系统。然后，使用同种原材料，模拟实际工程环境，利用实验室测试数据，确定可靠的钢筋腐蚀电学参数。

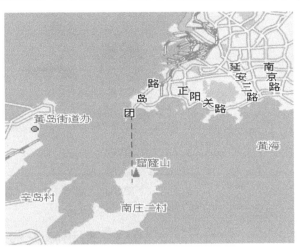

图 9-9　青岛胶州湾海底隧道的地理位置

（2）监测方案

综合考虑青岛胶州湾海底隧道混凝土结构的服役状况及服役年限要求，尤其考虑围岩等级和压力水头作用等，确定了青岛胶州湾海底隧道混凝土结构耐久性监测区域。

1）在隧道喷射混凝土中，考虑在围岩断裂带分布较严重的区域安装传感器，以监测压力渗水对喷射混凝土耐久性的影响；

2）在隧道二次衬砌混凝土结构层的临岩面和临空面，考虑在围岩质量较差的区域以及海底压力水头最大的区域安装传感器；

3）在隧道每个通道的出入口附近的干湿交替与冻融作用明显区域，考虑在不同高度处安装传感器。

经过研究和论证，在青岛胶州湾海底隧道左右通道内的典型区域处设计安装了阳极梯耐久性监测系统，部分传感器的安装部位如图 9-10 和图 9-11 所示。

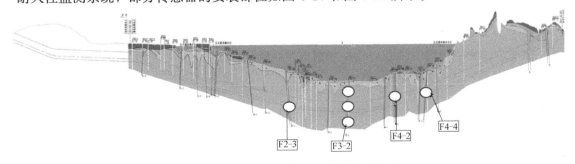

图 9-10　二次衬砌混凝土阳极梯布置方案

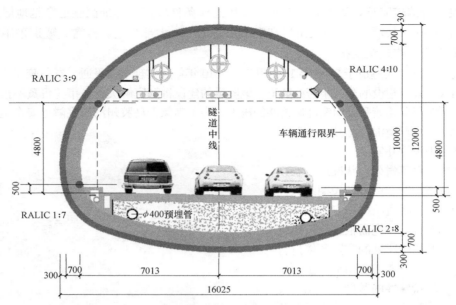

图 9-11　隧道出入口阳极梯布置方案

## 9.3　阳极梯无线监测系统

### 9.3.1　主控制器

采用 STM32F103 增强型系列单片机作为主控制器，内部时钟频率可达到 72MHz，性能较高。以 ARM 32 位 Cortex. M3 作为内核，片上集成 32.512kB 的 Flash 存储器，晶振频率范围 4～16MHz。它具有三种低功耗模式：休眠模式、停止模式和待机模式。此外，STM32 还有许多优越的性能特点：

（1）调试模式：串行调试（SWD）和 JTAG 接口。

（2）支持的外设：ADC、DAC、IIC、USART、SPI。

（3）12 通道 DMA 控制器。

（4）I/O 端口：最多可达 112 个快速端口，具有 26、37、51、80、112 种不同的型号，每个端口都可映射到 16 个外部中断向量。除了模拟输入，所有端口都可接受 5V 以内的输入。

（5）定时器：具有四个 16 位定时器，每个定时器具有四个脉冲计数器；

两个 16 位的 6 通道高级控制定时器：最多六个通道可用于 PWM 输出；

两个看门狗定时器（独立看门狗和窗口看门狗）；

Systick 定时器：24 位倒计数器。

（6）通信接口：具有 USART 接口（5 个）、IIC 接口（2 个）、SPI 接口（3 个）、USB2.06 接口、CAN 接口、SDIO 接口等。

### 9.3.2　腐蚀电压测量

电压测量利用的是半电池电位原理。电压信号经过 CD4051 选通到达由 LMC662 构成的电压跟随器，电压跟随器具有缓冲、隔离、提高带负载能力的优点。电压信号经过电压跟随器输出后，进入PGA103。此电路中，由软件程序控制PGA103的1、2管脚的电平高低，使得PGA103的增益为1。经过PGA103构成的增益放大器电路输出后，电压信号进入由LMC662构成的滤波型调节器，电压信号经过此调节器可以达到消除谐波的作用，而且它同时具有比例环节和积分环节的特点。经过上述电路，在LMC662的输出端就能得到相应的输出电压。上述提到的主要芯片CD4051、LMC662和PGA103的作用以及在整体电路中的作用如下：

（1）CD4051是单8通道数字控制模拟电子开关，如图9-12所示，A、B、C为二进制控制输入端，即分别实现8个通道的选通，IN0～IN7为它的8个输入/输出端，OUT为它的公共输入/输出端，INH为它的禁止选通端，当INH＝1时，各通道均不选通。$V_{DD}$和$V_{EE}$分别为它的正、负电压供电端，可以在电平位移时使用，从而使得单电源供电下工作的CMOS电路提供的数字信号能直接控制这种多路开关，并能使得这种多路开关可传输的交流信号的峰-峰值达到15V。$V_{SS}$为数字信号接地端。在阳极梯的电压测量电路设计中，CD4051起到电子开关的作用，控制电路的开通关断。

（2）LMC662是双运算放大控制器，如图9-13所示。它工作于＋5～＋15V并具有轨到轨输出摆幅的特点，除了输入共模范围（包括地面），它还具有高输入阻抗、高电压增益、低输入失调电压、低失调电压漂移等优点。在电路设计中，LMC662的1～4引脚构成了一个电压跟随器，5～8引脚构成了一个滤波型调节器。电压跟随器的作用是使输出电压与输入电压的大小和相位一样。应用电压跟随器的另一个好处是增大了输入阻抗，这样使得输入电容可以大幅度减小，为后边应用高品质的电容提供了前提保证。滤波型调节器的特点是当输入量突变时，输出量不会突变，只能按照指数规律逐渐变化。当给该调节器输入信号时，其输出量按指数规律上升，上升时间的大小由时间常数$T$决定。

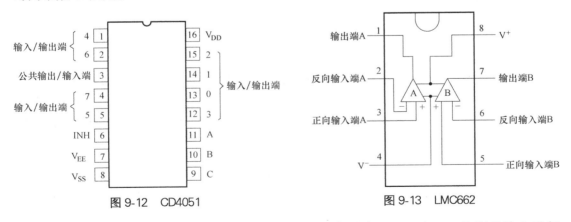

图 9-12　CD4051　　　　　图 9-13　LMC662

（3）PGA103是一种通用型可编程增益放大器，由两个CMOS/TTL兼容的输入进行数字编程选择，它的增益可选择为1、10或100，如图9-14所示。作为一种处理宽动态范围信号的理想放大器，它的高速电路提供了快速稳定时间，静态电流为2.6mA，额定温度为−40～125℃，电源电压为±4.5～±18V。

### 9.3.3 腐蚀电流测量

电流测量主要利用的是宏电流原理。所测量的电流信号经过 CD4051 构成的开关电路

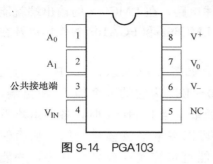

图 9-14 PGA103

到达 LMC662 构成的电压跟随器。输入端有信号时，此电路导通，将其输出端的 100Ω 电阻与 LMC662 构成的电压跟随器输入端的 10M 电阻并联，得到一个阻值近似于 100Ω 的等效电阻。电压经过电压跟随器之后，进入 PGA103 构成的增益放大器电路。最后，经过增益放大器电路输出的电压信号再经过 LMC662 构成的滤波型调节器，得到最终便于测量的电压值，然后根据电压值计算得到所测量的电流值。

### 9.3.4 电阻测量

电阻测量电路中也有跟上述两个测量电路一样的开关电路，不同的是，此电路采用了两个 CD4051 芯片。电阻测量电路的基本原理为电阻分压，所以需要两个开关来采集电阻分压电路中不同结点的电压值。首先，开启第一片 CD4051，电压信号经过运放电路，按照电压测量原理得到电压值 $V_1$。然后，开启第二片 CD4051，图 9-15 所示的光耦继电器电路接入系统，经过电压测量电路得到电压值 $V_2$。由电阻分压原理得到如下电阻计算公式（9-1）。

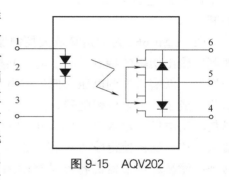

图 9-15 AQV202

$$\frac{V_1 - V_2}{V_2} = \frac{R}{100} \tag{9-1}$$

### 9.3.5 阻抗测量

在采集模块内部，使用频率发生器产生信号，经过运算放大器放大之后来激励外部阻抗，产生的信号由内部 ADC（模拟量转数字量芯片）进行采集，然后进行 DFT（离散傅里叶变换）处理，返回此频率点的阻抗实部和虚部数据，将此数据与标定数据经过换算公式转换之后，得到当前频率点的阻抗值。

### 9.3.6 数据采集与传输系统

搭建了基于 STM32 的软硬件数据采集平台，如图 9-16 所示。STM32 作为系统的控制器主要负责监控信息的采集、处理以及控制 GSM 模块发送信息。主控芯片通过串口向 GSM 发送命令并接收数据。完成了能够反映钢筋腐蚀状态的电压、电流、电阻以及温度的无线检测系统，如图 9-17 所示。四个参数能实时传输到上位机数据处理系统，该数据通过无线网络传送到服务器，可完成数据的存储、调取、访问、曲线绘制等功能。

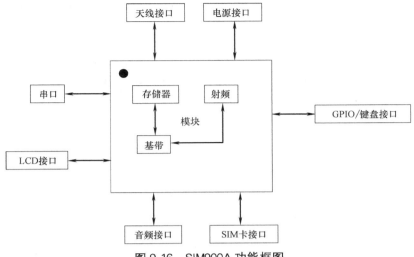

图 9-16 SIM900A 功能框图

图 9-17 钢筋混凝土腐蚀监测平台

# 本章参考文献

［1］ Raupach M，Schiessl P. Monitoring system for the penetration of chlorides，carbonation and the corrosion risk for the reinforcement ［J］. Construction and Building Materials，1997，11（4）：207-214.

［2］ Raupach M. Monitoring corrosion risk in concrete structures-review of 10 years experience and new developments ［J］. Special Publication，2000，192：19-34.

［3］ Vedalakshmi R，Dolli H，Palaniswamy N. Embeddable corrosion rate-measuring sensor for assessing the corrosion risk of steel in concrete structures ［J］. Structural Control and Health Monitoring：The Official Journal of the International Association for Structural Control and Monitoring and of the European Association for the Control of Structures，2009，16（4）：441-459.

［4］　何谋杰. 腐蚀环境下混凝土桥耐久性监测系统研究 ［D］. 西南交通大学，2011.

［5］　Cui J，Huston D R，Arndt R. Early detection of concrete bridge deck corrosion using ground penetrating radar，half-cell potential and anode ladder ［R］. 2011.

［6］　方翔，陈龙，潘峻. 混凝土耐久性监测系统在埃及塞得东港集装箱码头工程中的应用 ［J］. 中国港湾建设，2013，1：50-55.

［7］　汤雁冰，王胜年，范志宏，黎鹏平，杨海成. 国外混凝土结构耐久性监测传感器在国内工程中的适用性 ［J］. 水运工程，2016，3：19-22.

［8］　王霄，陈志坚，徐钢. 基于阳极梯系统的苏通大桥锚固区腐蚀监测研究 ［J］. 建筑科学与工程学报，2012，29（4）：106-111.

［9］　郭亚唯. 基于阳极梯系统的混凝土腐蚀监测试验研究 ［D］. 大连海事大学，2017.

［10］　郑子德. 长山跨海混凝土桥梁耐久性监测研究 ［D］. 大连海事大学，2017.

# 第 10 章　混凝土结构全寿命性能智慧感知与劣化预警系统

　　研究表明，混凝土中钢筋是否发生锈蚀是由内部微环境（如温度、湿度、pH 值、氯离子浓度、应力状态等）耦合作用决定的，所以实时掌握混凝土结构内部微环境和钢筋锈蚀状况，获得上述性能参数的时变规律，可为钢筋混凝土结构防护与修复提供科学依据。

　　众所周知，混凝土结构内部温度会随着使用环境温度的变化而变化，混凝土的相关性能与其温度相关。根据第 7 章、第 8 章的研究结果，埋入混凝土内部的氯离子传感器、pH 传感器也会受温度影响，如果不做修正，其测试结果不准确。通常情况下硬化混凝土内部是呈强碱性的，pH 值大于 12.5。而大气中的二氧化碳容易与混凝土内部的氢氧化钙发生反应，生成中性的碳酸钙，降低混凝土的 pH 值。并且一些工业环境中会存在一些酸性气体或者酸性液体，这都会引起混凝土的中性化，中性化会引起钢筋锈蚀。另外，埋入混凝土内部的氯离子传感器也会受 pH 值影响，如果不做修正，其测试结果不准确，将导致钢筋混凝土结构临界状态的误判。

　　目前国内外针对临界氯离子浓度做了大量的研究工作，临界氯离子浓度往往受水泥中 $C_3A$ 含量、碱含量、硫酸盐含量，混凝土中粉煤灰掺量、矿粉掺量、硅灰掺量、石灰石粉掺量，钢筋品种，施工质量，服役环境条件等的影响，处于不同环境的钢筋混凝土结构其临界氯离子浓度相差很大。文献中临界氯离子浓度表述方法有总氯离子浓度、自由氯离子浓度和 $[Cl^-]/[OH^-]$ 三种。根据相关文献报道，三种表述方法的临界氯离子含量分别为：总氯离子浓度占胶凝材料质量的 0.17%～3.4%[1-5]，自由氯离子浓度占胶凝材料质量的 0.11%～2.1%[6-10]，$[Cl^-]/[OH^-]$ 为 0.12%～20%[11-14]。可以看出，受各种因素的影响，临界氯离子浓度不是固定值。如何根据钢筋混凝土结构实际服役环境设置临界氯离子浓度，并及时作出劣化预警，这是目前科学界和工程界急需解决的问题。

　　针对上述问题，青岛理工大学海洋环境混凝土技术创新团队开发了"混凝土结构全寿命性能智慧感知与劣化预警系统"。该系统能够实现大范围、多目标、多参数、远距离的原位无线监测，实时监测钢筋混凝土结构全寿命性能劣化进程，为实现混凝土结构可预期寿命设计、性能恢复与提升提供适时信息支持和科学决策依据。该系统采用模块化设计，包括主控制模块、多功能传感器模块、数据采集模块、防盗模块、临界预警模块和云服务器模块。各模块独立开发，多功能传感器模块、防盗模块和临界预警模块均与主控制模块相连，主控制模块对多功能传感器模块采集的数据进行分析处理，并通过临界预警模块实现及时的安全预警。系统的总体设计方案和模块化方案如图 10-1 和图 10-2 所示。

　　主控制模块使用 STM32F103 单片机作为主控芯片，低功耗模式下周期性采集传感器

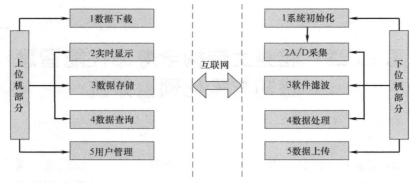

图 10-1　系统总体设计方案

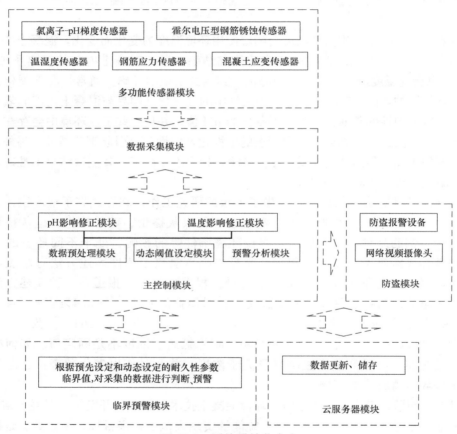

图 10-2　系统模块化方案

数据。主控制模块包括数据预处理模块、动态阈值设定模块和预警分析模块。（1）数据预处理模块用于对多功能传感器模块采集的数据进行预处理。（2）动态阈值设定模块基于数据预处理模块修正后的氯离子浓度和钢筋腐蚀参数，动态修改相应服役环境条件下钢筋混凝土结构的临界氯离子浓度，并设定钢筋应力、混凝土应变临界值。（3）预警分析模块用于将预处理后的数据与动态阈值设定模块设定的数据进行比较，得出预警结果，并传输至临界预警模块进行报警。

多功能传感器模块预埋在钢筋混凝土结构内部，包括温湿度传感器、氯离子-pH 梯度传感器、霍尔电压型钢筋锈蚀传感器、钢筋应力传感器、混凝土应变传感器和阳极梯。温度传感器、湿度传感器、钢筋应力传感器、混凝土应变传感器用于监测混凝土结构的温度、湿度、钢筋应力和混凝土应变参数。氯离子-pH 梯度传感器用于测量混凝土结构内不同深度处的氯离子含量和 pH 值。霍尔电压型钢筋锈蚀传感器用以实现钢筋锈蚀状态和锈蚀量的精准测量，其测量原理详见 8.1 节。阳极梯用于测量不同深度处钢筋的腐蚀电流、腐蚀电压和阻抗。湿度探头采集到湿度数据之后，将数据直接转换成数字量，然后通过 IIC 总线将数据转换结果汇总到主控电路板；温度传感器使用 PT1000 热电阻进行数据采集，传感器的电阻值随温度变化而发生变化，将此传感器串联接入主控电路中，通过 ADC 转换得到的电压值，计算得到传感器当前的电阻值，经换算得到当前的温度值，此温度值由主控电路板芯片直接采集得到；氯离子传感器信号、pH 传感器信号和霍尔电压型钢筋锈蚀传感器信号，使用运放进行电压跟随和放大之后，由主控单片机的 ADC 采集模块直接进行电压转换，将 5 次电压转换值进行均值滤波，经过修正后换算为氯离子浓度、pH 值、锈蚀量；混凝土应变和钢筋应力使用振弦信号采集模块，采集到传感器输出的频率值，将此频率值通过 485 总线汇总到主控电路板。

防盗模块包括网络视频摄像头和防盗报警设备。其中，网络视频摄像头用以实现监测区域的视频监控。防盗报警设备用以实现对靠近"混凝土结构全寿命性能智慧感知与劣化预警系统"硬件设备的人员进行感知和语音警示，预防系统被盗取和损坏。

临界预警模块用以实现对混凝土结构劣化进入高危状态的预警。

云服务器模块：主控电路板单片机将上述所有的信号采集数据结果进行汇总，终端网关通过 485/modbus 总线的方式，读取采集到的终端数据，将数据打包传输给 GPRS 模块，由 GPRS 模块转发到云服务器。云服务器接收到数据之后进行数据协议解析和输出处理，然后存储到数据库中，用户可通过客户端或者 web 访问服务器。系统主程序流程图如图 10-3 所示。上位机软件功能模块图如图 10-4 所示。

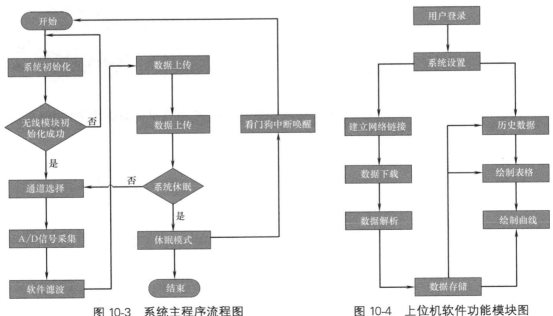

图 10-3　系统主程序流程图　　　　图 10-4　上位机软件功能模块图

供电：为保证网关、采集器和终端传感器的持续性工作，系统使用 50W 太阳能板进行能量收集。能量转换系统使用 MPPT（最大功率点跟踪）进行太阳能到电池电压的转换，并给电池充电，同时网关内置 12V/8000mAh 锂电池作为系统后备电量，用于阴天或者阳光不足时的能量储备。

"混凝土结构全寿命性能智慧感知与劣化预警系统 V1.0" 数据采集与处理步骤如下：

（1）基于多功能传感器模块采集混凝土结构内部温度、湿度、氯离子浓度、pH 值、钢筋锈蚀参数、钢筋应力和混凝土应变等数据，并对所采集的混凝土状态数据进行预处理。

（2）基于温度对所采集的混凝土内部 pH 值进行修正，以获得准确的混凝土内部 pH 值监测结果。

（3）基于温度和 pH 值对所采集的混凝土内部氯离子浓度进行修正，以获得准确的混凝土内部氯离子浓度监测结果。

（4）当某深度处的霍尔电压型钢筋锈蚀传感器监测到钢筋发生锈蚀时，系统自动将此时该深度处氯离子-pH 梯度传感器测得的氯离子浓度作为临界氯离子浓度输入临界预警模块。

（5）将混凝土状态监测结果与步骤（4）动态设定的临界氯离子浓度以及测得的钢筋应力、混凝土应变、混凝土内部温度、湿度等作为参数，预测钢筋混凝土结构剩余使用寿命，及时做出安全预警。

"混凝土结构全寿命性能智慧感知与劣化预警系统 V1.0" 已于 2017 年 7 月安装于青连铁路跨胶州湾段用于桥墩的耐久性监测，运行良好，如图 10-5 所示。

图 10-5　"混凝土结构全寿命性能智慧感知与劣化预警系统 V1.0" 实物图及其在青连铁路中的应用

# 本章参考文献

[1]　Wang S, Pan D, Wei S, Huang J. Research on Durability of Marine Concrete [J]. Port & Waterway Engineering, 2001, 8: 20-22.

[2]　Zhang B, Wei S. Experiment of reinforced concrete exposed decades in South China Harbour [J]. Port Waterway Engineering. 1999, 3: 6-13.

[3]　Tian J, Pan D, Zhao S. Prediction of durable life of HPC structures resisting chloride ion penetration in marine environment [J]. China Harbour Engineering. 2002, 2: 1-6.

[4]　Wei J, Wang T, Dong R, Xiang F, Yu Z, Xu Y. Influencing research of chloride on reinforced

concrete material under dry-wet cycle [J]. Concrete, 2010, 2: 4-6.

[5]  Wang S N, Su Q K. Durability design principle and method for concrete structures in Hong Kong-Zhuhai-Macau Bridge [J]. China Civil Engineering, 2014, 47 (3): 1-8.

[6]  Lin B, Shang G, Dai X, Lin H, Chen D, Wang M, An investigation on the damaged reinforced concrete structures of coal transport wharf of Beilun thermal power Plant [J]. Hydro-Science Engineering, 1988: 26-30.

[7]  Zhang Q, Sun W, Shi J. Influence of mineral admixtures on chloride threshold level for corrosion of steel in mortar [J]. Journal of the Chinese Ceramic Society, 2010, 38 (4): 633-637.

[8]  Song X B, Kong Q M, Liu X L. Experimental study on chloride threshold levels in OPC [J]. China Civil Engineering, 2007, 40 (11): 59-63.

[9]  Ba H J, Zhao W X. Study on chloride threshold level of reinforcing steel corrosion in simulated concrete pore solution by testing Rp [J]. Hunningtu (Concrete), 2010 (12): 1-4.

[10]  Cao Y, Gehlen C, Angst U, et al. Critical chloride content in reinforced concrete-An updated review considering Chinese experience [J]. Cement and Concrete Research, 2019, 117: 58-68.

[11]  Li Y, Zhu Y, Fang J. Experimental study of chloride ion's critical content causing reinforcement corrosion in concrete [J]. Hydro-Science and Engineering, 2004 (1): 24-28.

[12]  Wei J, Wang T, Dong R, Xiang F, Yu Z, Xu Y. Influencing research of chloride on reinforced concrete material under dry-wet cycle [J]. Concrete, 2010 (2): 4-6.

[13]  Wang P, Cai W. A study on critical chloride ion concentration for corrosion of reinforcing steel in mortar [J]. J. Chin. Inst. Civil Hydraul. Eng. 2014, 26 (3): 211-214.

[14]  Zhang Q, Sun W, Liu J. Analysis of some factors affecting chloride threshold level in simulated concrete pore solution [J]. Journal of Southeast University. Natural Science Edition, 2010, 40: 177-181.